Gobalan Krishnasamy
Sudharsan Parthasarathy
Siva Vijayakumar Tharumasivam

Genómica e Proteómica

Gobalan Krishnasamy
Sudharsan Parthasarathy
Siva Vijayakumar Tharumasivam

Genómica e Proteómica

- Uma introdução à ómica

ScienciaScripts

Imprint
Any brand names and product names mentioned in this book are subject to trademark, brand or patent protection and are trademarks or registered trademarks of their respective holders. The use of brand names, product names, common names, trade names, product descriptions etc. even without a particular marking in this work is in no way to be construed to mean that such names may be regarded as unrestricted in respect of trademark and brand protection legislation and could thus be used by anyone.

Cover image: www.ingimage.com

This book is a translation from the original published under ISBN 978-620-7-99880-7.

Publisher:
Sciencia Scripts
is a trademark of
Dodo Books Indian Ocean Ltd. and OmniScriptum S.R.L publishing group

120 High Road, East Finchley, London, N2 9ED, United Kingdom
Str. Armeneasca 28/1, office 1, Chisinau MD-2012, Republic of Moldova, Europe
Printed at: see last page
ISBN: 978-620-8-24249-7

Genómica e Proteómica

Autores

Gobalan Krishnasamy

Sudharsan Parthasarathy

Siva Vijayakumar Tharumasivam

S.N.	Nome dos autores	Fotografia	Filiação
1	Gobalan Krishnasamy		Departamento de Biotecnologia, Jamal Mohammed College, Trichy, Tamil Nadu
2	Sudharsan Parthasarathy		Departamento de Silvicultura, Universidade de Nagaland (Hqrs.), Lumami, Nagaland, Índia. Sudharsan242000@gmail.com
3	Siva Vijayakumar Tharumasivam		Departamento de Biotecnologia, Universidade Dhanalakshmi Srinivasan, Samayapuram, Trichy, Tamil Nadu. Shiva.bloom165@gmail.com

ÍNDICE

Resumo

A genómica e a proteómica são duas áreas de estudo interligadas que fornecem uma imagem completa da composição molecular de um organismo. A genómica envolve a análise de todo o genoma, incluindo as sequências de ADN, as funções dos genes e as interações entre genes. Este domínio tem aplicações em várias áreas, como os cuidados de saúde, onde ajuda a compreender as predisposições genéticas para as doenças, e a agricultura, onde ajuda a desenvolver melhores variedades de culturas. A proteómica complementa a genómica, centrando-se no proteoma - o conjunto completo de proteínas expressas pelo genoma. Isto inclui o estudo das funções, estruturas e interações das proteínas, que são fundamentais para compreender os processos celulares e desenvolver novos tratamentos. Técnicas como a sequenciação do genoma e a espetrometria de massa são fundamentais para estes domínios, permitindo aos investigadores descobrir as complexidades da expressão genética e da funcionalidade das proteínas. Em conjunto, a genómica e a proteómica fornecem uma visão holística dos sistemas biológicos, impulsionando os avanços na medicina personalizada, na investigação de doenças e na biotecnologia.

1. Introdução à Genómica

A genómica é o estudo de todo o genoma de um organismo, incluindo todos os seus genes e a forma como esses genes interagem entre si e com o seu ambiente. O genoma contém o conjunto completo de ADN do organismo e está incorporado em quase todas as células desse organismo. A genómica tenta compreender todos os aspectos da função, organização, evolução e outras caraterísticas do genoma. É um campo em rápido crescimento que está a desempenhar um papel cada vez mais importante nos cuidados de saúde, embora também encontre aplicações na agricultura, biotecnologia, antropologia e outras ciências sociais.

A genómica diz respeito principalmente ao ADN de um organismo, o elemento básico do genoma. O ADN é um composto químico hereditário que contém instruções para o desenvolvimento e funcionamento do organismo. É constituído por duas cadeias ligadas que se torcem uma em torno da outra para formar uma dupla hélice. As cadeias de ADN ligam-se umas às outras através de quatro bases nucleotídicas: adenina (A), citosina (C), guanina (G) e timina (T). Os nucleótidos unem as cadeias como os degraus de uma escada, sendo cada degrau constituído por dois nucleótidos. Os nucleótidos ligam-se sempre em pares específicos: a adenina com a timina e a citosina com a guanina.

Certas secções do ADN são segmentadas em genes, que contêm instruções para a produção das proteínas necessárias para construir e reparar tecidos e órgãos. Nos seres humanos, os genes determinam caraterísticas individuais como a cor dos olhos ou a altura, embora também possam ser responsáveis por certas doenças e deficiências. A maior parte do ADN e dos genes de um organismo estão contidos em cromossomas que se encontram no núcleo de cada célula. Um cromossoma é uma estrutura proteica que transporta a informação genómica de uma célula para a seguinte. Embora a genómica se possa aplicar a qualquer organismo, a maior parte da atenção tem-se centrado no genoma humano, que contém cerca de 3 mil milhões de pares de bases de ADN, entre 20.000 a 25.000 genes e 23 pares de cromossomas. A genómica tenta compreender todo o ADN e o material genético e avançar na aplicação prática desse conhecimento.

1.1 A genómica é uma área da ciência que se dedica ao estudo de todo o material genético de um organismo, denominado genoma.

Isto inclui o estudo da estrutura, função e interações entre todos os genes e outros componentes que constituem o genoma.

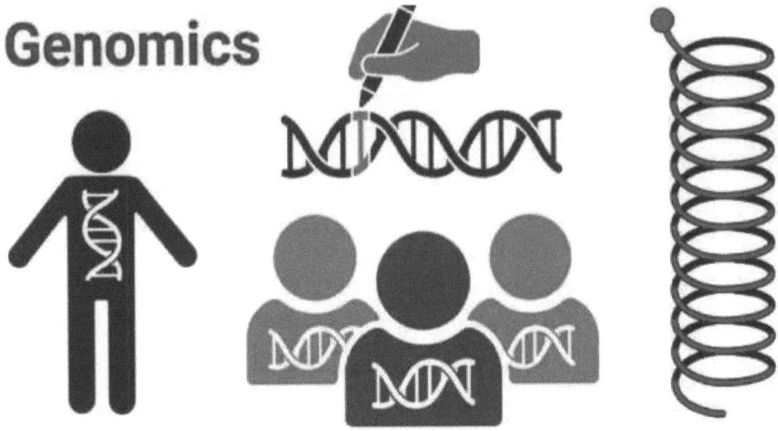

O genoma de um organismo é constituído por ADN, que contém as instruções sobre a forma como esse organismo se desenvolve, funciona e interage com o mundo que o rodeia. Ao estudar o genoma de um organismo, os investigadores podem aprender mais sobre as suas caraterísticas, comportamentos e suscetibilidade a doenças.

1.2 Anatomia do genoma procariótico e eucariótico: -

A anatomia é uma área das ciências biológicas que se ocupa da identificação e descrição das estruturas corporais dos seres vivos. A anatomia macroscópica envolve o estudo das principais estruturas do corpo por dissecação e observação e, no seu sentido mais restrito, diz respeito apenas ao corpo humano. A anatomia é um ramo das ciências naturais que se ocupa da organização estrutural dos seres vivos. É uma ciência antiga, tendo o seu início nos tempos pré-históricos. A anatomia está intrinsecamente ligada à biologia do desenvolvimento, à embriologia, à anatomia comparada, à biologia evolutiva e à filogenia, uma vez que estes são os processos através dos quais a anatomia é gerada, tanto em escalas temporais imediatas como a longo prazo. A anatomia e a fisiologia, que estudam a estrutura e a função dos organismos e das suas partes, respetivamente, formam um par natural de disciplinas relacionadas e são frequentemente estudadas em conjunto. A anatomia humana é uma das ciências básicas essenciais que são aplicadas na medicina e é frequentemente estudada juntamente com a fisiologia.

1.3 Genomas procarióticos:

Os genomas procarióticos estão normalmente organizados como cromossomas circulares únicos que são condensados numa região nucleoide dentro da célula. O superenrolamento do ADN, que envolve o enrolamento excessivo ou insuficiente das cadeias de ADN, facilita a compactação dos genomas procarióticos e permite o metabolismo do ADN. O ponto de vista tradicional é que um genoma procariótico completo está contido numa única molécula de ADN circular. Para além deste "cromossoma" único, os procariotas podem também ter genes adicionais em moléculas de ADN independentes, mais pequenas, circulares ou lineares, denominadas plasmídeos.

Material genético numa célula: Todas as células têm a capacidade de dar origem a novas células e a informação codificada numa célula viva é transmitida de uma geração para outra. O material que codifica a informação é o material genético ou hereditário da célula. Material genético procariótico: O material genético procariótico (bacteriano) está normalmente concentrado numa região específica e clara do citoplasma chamada nucleoide. O cromossoma bacteriano é uma molécula de ADN simples, circular e de cadeia dupla, que se encontra, na sua maioria, ligada à membrana plasmática num ponto. Não contém qualquer proteína histona. O ADN da Escherichia coli é uma molécula circular com 4,6 milhões de pares de bases de comprimento, contendo 4288 genes codificadores de proteínas anotados (organizados em 2584 operões), sete operões de ARN ribossómico (ARNr) e 86 genes de ARN de transferência (ARNt).

As bactérias, como a Borrelia burgdorferi, possuem uma série de cromossomas lineares, tal como os eucariotas. Para além do ADN cromossómico, muitas bactérias podem também transportar elementos genéticos extra-cromossómicos sob a forma de pequenas moléculas de ADN circulares e fechadas, denominadas plasmídeos. Estes permanecem geralmente flutuantes no citoplasma e transportam genes diferentes, com base nos quais foram estudados. Alguns dos diferentes tipos de plasmídeos são os plasmídeos F, os plasmídeos R, os plasmídeos virulentos, os plasmídeos metabólicos, etc.

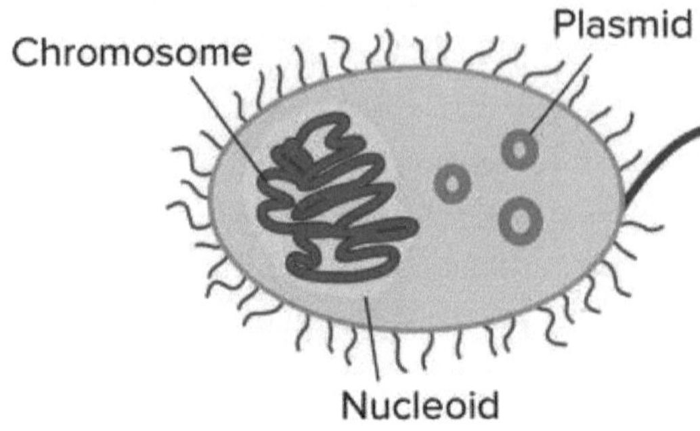

1.4 Genoma eucariótico: -

Os genomas eucarióticos são lineares e seguem o modelo estrutural da dupla hélice de Watson-Crick. Estão contidos em cromossomas, feixes de ADN e proteínas (Histona) conhecidos como nucleossomas. Os genes codificadores de proteínas nos genomas eucarióticos estão organizados em exões e intrões, que representam a sequência codificadora e a sequência interveniente, respetivamente, indicando a funcionalidade da secção de ARN do genoma.

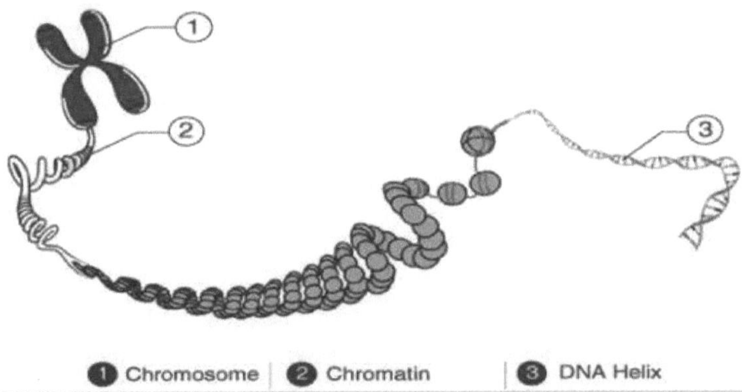

Chromatin is a genetic material or a macromolecule comprising of DNA, RNA, and pr which result in the formation of chromosomes within the nucleus of eukaryotic organis termed as chromatin.

- Os genomas eucarióticos incluem duas caraterísticas que colocam um problema significativo de processamento de informação.

1. A célula eucariótica multicelular padrão tem um genoma substancialmente maior do que uma célula procariótica.
2. Muitos genes só podem ser expressos em determinados tipos de células devido à especialização celular.

- Uma enorme quantidade de ADN que não dirige a síntese de ARN ou de proteínas está incluída nos 35.000 genes do genoma humano.
- O ADN eucariótico está intrinsecamente organizado. O complexo ADN-proteína, conhecido como cromatina, não só está ligado a proteínas, como também está estruturado a um nível estrutural mais elevado do que o complexo ADN-proteína dos procariotas.
- As células eucarióticas têm uma concentração significativamente maior de ADN nos seus núcleos do que as células procarióticas.

O tamanho dos genomas dos eucariotas é extremamente variável, mesmo dentro de um mesmo grupo taxonómico (o chamado paradoxo do valor C).

- Os genomas eucarióticos estão divididos em múltiplos cromossomas lineares; cada cromossoma contém uma única molécula de ADN duplex linear.
- Os genes eucarióticos numa via bioquímica ou de sinalização não estão organizados em operões; um mRNA produz uma proteína.
- Muitos genes eucarióticos (a maioria dos genes humanos) são divididos; os intrões não codificantes devem ser removidos e os exões unidos para formar um ARNm maduro. Os intrões são sequências "intervenientes" nos genes que não codificam proteínas. A imagem abaixo mostra uma região ampliada de um gene, destacando a alternância entre exões e intrões.

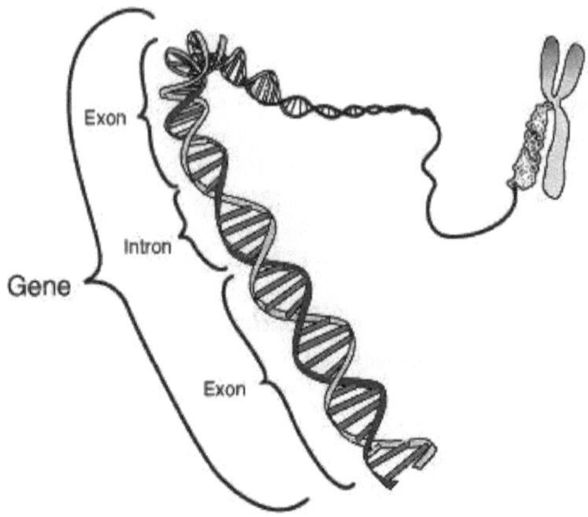

- Os múltiplos exões de um gene eucariótico podem ser unidos de diferentes formas para produzir múltiplos mRNAs e múltiplas proteínas a partir de um único gene (splicing alternativo).
- A maior parte dos genes humanos pode ser unida de duas ou mais formas diferentes. Por isso, o número atual de proteínas humanas excede em muito o número de genes codificadores de proteínas.
- O splicing alternativo resulta frequentemente em versões "tecido-específicas" do mesmo gene, em que uma variante de splicing está presente, por exemplo, no músculo cardíaco, enquanto uma variante de splicing diferente do mesmo gene está presente no músculo esquelético. A imagem abaixo mostra um gene hipotético com 3 proteínas diferentes possíveis, dependendo dos exões incluídos no mRNA final.

1.5 Conteúdo do genoma:

O genoma é todo o conteúdo de ADN que está presente numa célula de um organismo. Os especialistas em genómica esforçam-se por determinar as sequências completas de ADN e realizar o mapeamento genético para ajudar a compreender as doenças. A genómica também envolve o estudo de processos intragenómicos como a epístase, o heterocisto e a pleiotropia, bem como as interações entre loci e alelos no interior do genoma. Os domínios da biologia molecular e da genética ocupam-se principalmente do estudo do papel e da função de genes individuais, um tema importante na investigação biomédica atual. Em contrapartida, a genómica não envolve a investigação de um único gene, a menos que o objetivo seja compreender os efeitos de um único gene no contexto de todo o genoma.

1.6 Paradoxo do valor C

O paradoxo do valor C é que a quantidade de ADN num genoma haploide (o valor 1C) não parece corresponder fortemente à complexidade de um organismo, e os valores 1C podem ser extremamente variáveis. O termo "paradoxo do valor c", introduzido por C. A. Thomas em 1971, enquanto analisava a organização genética dos cromossomas, refere-se às variações inesperadamente elevadas nos valores c de diferentes espécies. "Diferentes espécies contêm diferentes quantidades de ADN nos seus núcleos.

O valor C é a quantidade de ADN no genoma haploide de um organismo. Varia numa gama muito ampla, com um aumento geral do valor C com a complexidade do organismo, desde os procariotas aos invertebrados, vertebrados e plantas. O paradoxo do valor C é basicamente o seguinte: como é que podemos explicar a quantidade de ADN em termos da função conhecida? Organismos muito semelhantes podem apresentar uma grande diferença nos valores C (por exemplo, anfíbios). A quantidade de ADN genómico em eucariotas complexos é muito maior do que a quantidade necessária para codificar proteínas. Por exemplo: Os mamíferos têm 30.000 a 50.000 genes, mas o tamanho do seu genoma (ou valor C) é de 3 x 10^9 bp.

Em 1948, Roger e Colette Vend rely relataram uma "notável constância no conteúdo de ADN nuclear de todas as células em todos os indivíduos de uma dada espécie animal", que consideraram como prova de que o ADN, e não a proteína, era a substância de que os genes são compostos. O termo valor C reflecte esta constância observada. No entanto, depressa se descobriu que os valores C (tamanhos dos genomas) variam enormemente entre espécies e que isso não tem qualquer relação com o número *presumido* de genes (tal *como refletido pela* complexidade do organismo). Por exemplo, as células de algumas salamandras podem conter 40 vezes mais ADN do que as dos seres humanos. Dado que os valores C eram considerados constantes porque a informação genética é codificada pelo ADN e, no entanto, não tinham qualquer relação com o número presumido de genes, esta situação foi compreensivelmente considerada paradoxal; o termo "paradoxo do valor C" foi utilizado para descrever esta situação por C.A. Thomas Jr. em 1971.

A descoberta do ADN não codificante, no início dos anos 70, resolveu a questão principal do paradoxo do valor C: o tamanho do genoma não reflecte o número de genes nos eucariotas, uma vez que a maior parte do seu ADN não é codificante e, portanto, não consiste em genes. O genoma humano, por exemplo, compreende menos de 2% de regiões codificadoras de proteínas, sendo o restante constituído por vários tipos de ADN não codificante (especialmente elementos transponíveis

1.7 Análise da curva CoT:-

A análise Cot foi desenvolvida e utilizada pela primeira vez em meados da década de 1960 por Roy Britten, Eric Davidson e associados. Cot = conc. de ADN (mol/L) x tempo de renaturação em segundos x um fator de tampão que tem em conta o efeito dos catiões na velocidade de renaturação.C_0 t análise é uma técnica bioquímica utilizada para determinar a quantidade de ADN repetitivo numa amostra de ADN. Baseia-se no princípio da renaturação do ADN. É uma técnica que é útil para estudar um genoma e simplificá-lo, descobrindo as grandes quantidades de sequência repetitiva que contém. Ao traçar um gráfico para a renaturação do ADN, o eixo Y é marcado como a percentagem de ADN que permanece simples. A percentagem é calculada como um rácio entre a concentração de sDNA (C) e a concentração total de ADN (C_0). Número de "ácido desoxirribo nucleico" (ADN) degenerado quando se aplica calor, valor Cot, curva cot, percentagem de ADN de cadeia simples, concentração de tampão, limite de tempo e aplicação da curva cot. O eixo X é um produto da concentração total ou inicial de ADN (C_0) e do tempo de reação em segundos (t). Este valor é obtido como C_0 t, pelo que o gráfico é também conhecido como curva C_0 t. Ao calcular o valor de C_0 t, é também tomado em consideração um fator de tampão que explica o efeito do catião.

1.8 Análise da curva C_0 t:

- A taxa de renaturação do ADN depende da concentração de ADN, da temperatura de reassociação, da concentração de catião e da viscosidade.
- Uma sequência com um maior número de ADN repetitivo renaturaliza-se a um ritmo mais rápido do que uma sequência com um menor número de ADN repetitivo.
- Se for dado tempo suficiente, todo o ADN pode renaturar numa determinada amostra.
- Um valor baixo de C_0 t indica que a sequência tem um maior número de sequências repetitivas.
- Por outro lado, um valor C_0 t elevado indica que a amostra genómica é única, ou seja, tem um número reduzido de sequências repetitivas.

- Uma vez que uma sequência de ADN de cadeia simples precisa de encontrar a sua cadeia complementar para formar uma dupla hélice, as sequências comuns renaturam mais rapidamente do que as sequências raras. De facto, a taxa a que uma sequência se reassociará é proporcional ao número de cópias dessa sequência na amostra de ADN.
- Uma amostra com uma sequência altamente repetitiva renatura rapidamente, enquanto as sequências complexas renaturam lentamente
- No entanto, em vez de medir simplesmente a percentagem de ADN de cadeia dupla em função do tempo, a quantidade de renaturação é medida em relação a um valor C_0 t.
- O valor C_0 t é o produto de C_0 (a concentração inicial de ADN), t (tempo em segundos) e uma constante que depende da concentração de catiões no tampão. O ADN repetitivo renatura a valores baixos de C_0 t, enquanto as sequências de ADN complexas e únicas renaturam a valores elevados de C_0 t.
- A rápida renaturação do ADN repetitivo deve-se à disponibilidade de numerosas sequências complementares.

1.9 As etapas de uma análise Cot:

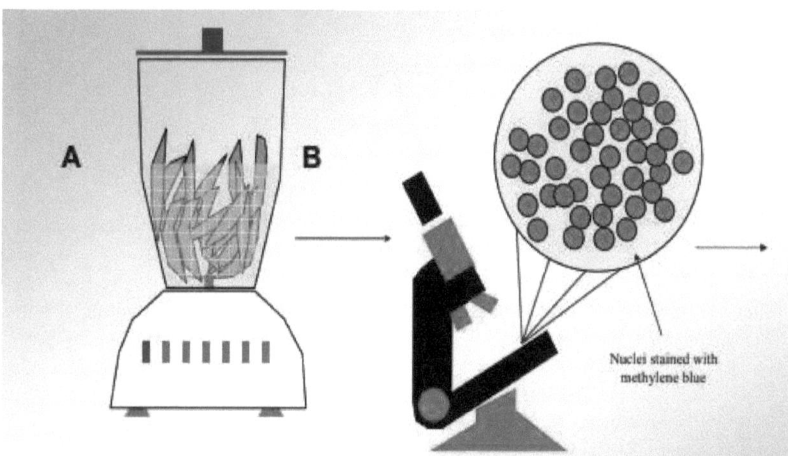

1.10 ADN repetitivo

O ADN repetitivo é definido como uma sequência específica de nucleótidos que se repete, por vezes muitas vezes, no nosso material genético. A sequência repetida em questão pode ser curta, com um padrão que consiste em apenas alguns nucleótidos, ou longa - mais de 50 nucleótidos. As sequências repetitivas são categorizadas em diferentes classes, dependendo de caraterísticas como estrutura, comprimento, localização, origem e modo de multiplicação. A disposição dos elementos repetitivos no genoma pode consistir em matrizes diretamente adjacentes, denominadas repetições em tandem, ou em repetições dispersas pelo genoma, denominadas repetições intercaladas. As repetições em tandem e as repetições intercaladas são ainda classificadas em subclasses com base no comprimento da sequência repetida e/ou no modo de multiplicação. Enquanto algumas sequências repetitivas de ADN são importantes para o funcionamento celular e para a manutenção do genoma, outras sequências repetitivas podem ser prejudiciais. Muitas sequências repetitivas de ADN têm sido associadas a doenças humanas, como a doença de Huntington e a ataxia de Friedreich. Alguns elementos repetitivos são neutros e ocorrem quando há ausência de seleção para sequências específicas, dependendo da forma como ocorre a transposição ou o crossing over. No entanto, uma abundância de repetições neutras pode ainda assim influenciar a evolução do genoma à medida que se acumulam ao longo do tempo. De um modo geral, as sequências repetitivas são uma área de interesse importante, uma vez que podem fornecer informações sobre as doenças humanas e a evolução do genoma.

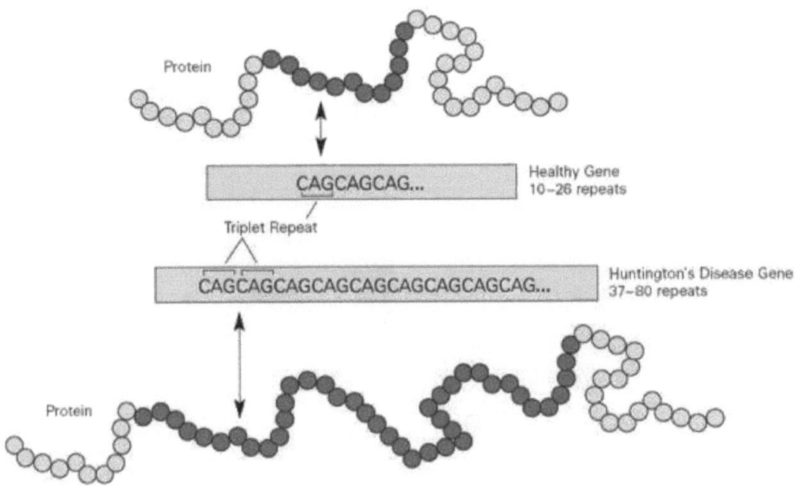

1.12 Ferramentas de ADN repetitivo para estudar:

- Organização de sequências repetitivas.
- Evolução e variação inter-espécies de sequências repetidas.
- Significado funcional das sequências repetitivas.
- Importância das sequências repetitivas como marcador.
- Genoma de Bubalus bubalis.

Foi demonstrado que o ADN repetitivo desempenha uma variedade de funções, uma das quais é servir de limite para os domínios da heterocromatina. Também foi demonstrado que influencia várias doenças - por exemplo, a doença de Huntington, que é causada por uma repetição de trinucleotídeos no gene HTT.

1.13 Diversidade do genoma

Os estudos de diversidade genómica analisam a variação genética entre indivíduos e entre populações, a fim de compreender as origens e a evolução dos seres humanos anatomicamente modernos (Homo sapiens). A diversidade genética é a variação biológica que ocorre dentro das espécies e que permite às espécies adaptarem-se quando o ambiente muda. A diversidade genética permite que as espécies se adaptem quando o ambiente muda. Assim, uma grande diversidade genética - um grande conjunto de genes - afecta positivamente a resiliência e a função dos ecossistemas. Quando privamos as espécies da sua diversidade genética, destruímos o seu potencial de adaptação e a sua sobrevivência a longo prazo fica comprometida. Os dados desta coleção estão descritos em Bergström et al. (2020). Esta analisa dados do Projeto de Diversidade do Genoma Humano (HGDP). As amostras da coleção de amostras do HGDP estão depositadas no Centre d'Étude du Polymorphism Humain (CEPH).

As amostras sequenciadas nesta coleção são um subconjunto do HGDP, com amostras adicionais do HGDP presentes no Simons Genome Diversity Project (SGDP).

1.14 PCR:-

A reação em cadeia da polimerase (abreviada PCR) é uma técnica laboratorial para produzir rapidamente (amplificar) milhões a milhares de milhões de cópias de um segmento específico de ADN, que pode depois ser estudado em maior detalhe. A reação em cadeia da polimerase é um procedimento de teste de amplificação de ácidos nucleicos que consiste em desnaturar, renaturar, alongar e amplificar um segmento curto de ADN ou ARN. A PCR é fundamental para muitos dos procedimentos utilizados em testes e investigação genética, incluindo a análise de amostras antigas de ADN e a identificação de agentes infecciosos. Utilizando a PCR, cópias de quantidades muito pequenas de sequências de ADN são amplificadas exponencialmente numa série de ciclos de alterações de temperatura. A PCR é atualmente uma técnica comum e muitas vezes indispensável utilizada na investigação médica laboratorial para uma grande variedade de aplicações, incluindo a investigação biomédica e a ciência forense.

A maioria dos métodos de PCR baseia-se na ciclagem térmica. A ciclagem térmica expõe os reagentes a ciclos repetidos de aquecimento e arrefecimento para permitir diferentes reacções dependentes da temperatura-especificamente, a fusão do ADN e a replicação do ADN por enzimas. A PCR utiliza dois reagentes principais - primers (que são fragmentos curtos de ADN de cadeia simples, conhecidos como oligonucleótidos, que são uma sequência complementar da região de ADN alvo) e uma polimerase de ADN termoestável. Na primeira etapa da PCR, as duas cadeias da dupla hélice de ADN são fisicamente separadas a uma temperatura elevada, num processo designado por desnaturação do ácido nucleico. Na segunda etapa, a temperatura é reduzida e os iniciadores ligam-se às sequências complementares do ADN.

As duas cadeias de ADN tornam-se então modelos para a ADN polimerase montar enzimaticamente uma nova cadeia de ADN a partir de nucleótidos livres, os blocos de construção do ADN. À medida que a PCR progride, o ADN gerado é ele próprio utilizado como modelo para replicação, dando início a uma reação em cadeia na qual o modelo de ADN original é exponencialmente amplificado. Quase todas as aplicações de PCR utilizam uma polimerase de DNA estável ao calor, como a *Taq* polimerase, uma enzima originalmente isolada da bactéria *Thermus aquaticus*. Se a polimerase utilizada fosse suscetível ao calor, desnaturaria sob as altas temperaturas do passo de desnaturação. Antes da utilização da *Taq* polimerase, a polimerase de ADN tinha de ser adicionada manualmente em cada ciclo, o que era um processo fastidioso e dispendioso. As aplicações da técnica incluem a clonagem de ADN para sequenciação, clonagem e manipulação de genes, mutagénese de genes; construção de filogenias baseadas em ADN ou análise funcional de genes; diagnóstico e monitorização de doenças genéticas; amplificação de ADN antigo; análise de impressões digitais genéticas para perfis de ADN (por exemplo, em ciência forense e testes de parentesco); e deteção de agentes patogénicos em testes de ácidos nucleicos para o diagnóstico de doenças infecciosas.

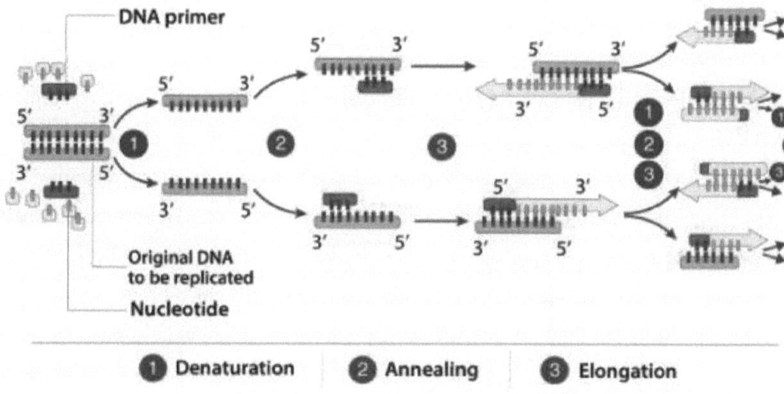

1.15 RFLP:

O polimorfismo de comprimento de fragmentos de restrição (abreviado RFLP) refere-se a diferenças (ou variações) entre pessoas nas suas sequências de ADN em locais reconhecidos por enzimas de restrição. Esta variação resulta em fragmentos de ADN de diferentes tamanhos (ou comprimentos) produzidos pela digestão do ADN com uma enzima de restrição. Em biologia molecular, o polimorfismo de comprimento de fragmentos de restrição (RFLP) é uma técnica que explora variações em sequências de ADN homólogas, conhecidas como polimorfismos, populações ou espécies, ou para identificar a localização de genes numa sequência. O termo pode referir-se a um polimorfismo propriamente dito, detectado através das diferentes localizações dos locais das enzimas de restrição, ou a uma técnica laboratorial relacionada através da qual essas diferenças podem ser ilustradas. Na análise RFLP, uma amostra de ADN é digerida em fragmentos por uma ou mais enzimas de restrição e os *fragmentos de restrição* resultantes são depois separados por eletroforese em gel de acordo com o seu tamanho.

A análise RFLP está atualmente obsoleta devido ao aparecimento de tecnologias de sequenciação de ADN pouco dispendiosas, mas foi a primeira técnica de determinação de perfis de ADN suficientemente barata para ter uma aplicação generalizada. A análise RFLP foi uma importante ferramenta inicial no mapeamento do genoma, localização de genes para doenças genéticas, determinação do risco de doença e testes de paternidade.

1.15.1 Análise RFLP:

A técnica básica para a deteção de RFLPs envolve a fragmentação de uma amostra de ADN com a aplicação de uma enzima de restrição, que pode clivar seletivamente uma molécula de ADN sempre que uma sequência curta e específica é reconhecida num processo conhecido como digestão de restrição. Os fragmentos de ADN produzidos pela digestão são então separados por comprimento através de um processo conhecido como eletroforese em gel de agarose e transferidos para uma membrana através do procedimento Southern blot. A hibridação da membrana com uma sonda de ADN marcada determina então o comprimento dos fragmentos que são complementares à sonda. Diz-se que existe um polimorfismo de comprimento de fragmento de restrição quando o comprimento de um fragmento detectado varia entre indivíduos, indicando homologias de sequência não idênticas. Cada comprimento de fragmento é considerado um alelo, quer contenha efetivamente uma região codificante ou não, e pode ser utilizado em análises genéticas subsequentes.

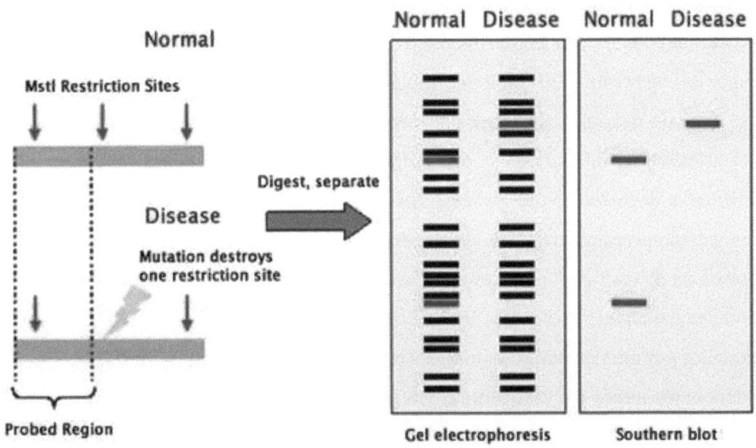

Restriction Fragment Length Polymorphism (RFLP)

2. Bases de dados do genoma humano

2.1 Herança Mendeliana no Homem em linha (OMIM)

Online Mendelian Inheritance in Men é uma base de dados pública de informação bibliográfica sobre genes humanos e doenças genéticas. Catálogo continuamente atualizado de genes humanos e doenças e traços genéticos, com um foco particular na relação gene-fenótipo. Em 28 de junho de 2019, aproximadamente 9 000 das mais de 25 000 entradas no OMIM representavam fenótipos; as restantes representavam genes, muitos dos quais estavam relacionados com fenótipos conhecidos. O conteúdo do MIM/OMIM baseia-se na seleção e revisão da literatura biomédica publicada e revista por pares. A atualização do conteúdo é realizada por uma equipa de escritores científicos e curadores sob a direção de Ada Hamosh no McKusick-Nathans Institute of Genetic Medicine da Universidade Johns Hopkins. Embora o OMIM esteja disponível gratuitamente para o público, foi concebido para ser utilizado principalmente por médicos e outros profissionais de saúde envolvidos em doenças genéticas, por investigadores de genética e por estudantes avançados de ciências e medicina.

A base de dados pode ser utilizada como recurso para localizar literatura relevante para doenças hereditárias, e o seu sistema de numeração é amplamente utilizado na literatura médica para fornecer um índice unificado para doenças genéticas. Existem cinco modos básicos de hereditariedade para as doenças de gene único: autossómico recessivo, dominante ligado ao X, recessivo ligado ao X e mitocondrial. A heterogeneidade genética é um fenómeno comum tanto nas doenças de gene único como nas doenças multifactoriais complexas.

2.2 Banco de dados do genoma:

O banco de dados genómicos é definido como a recolha metódica, o armazenamento e a distribuição de genes de espécies ameaçadas e em perigo de extinção. O material genético de espécies raras e ameaçadas pode ser recolhido e preservado indefinidamente em azoto líquido (-196°C). Os bancos de genes são utilizados para preservar material genético para utilização no futuro. Um banco de genes é outro tipo de banco de genes. Os bancos de genes são um tipo de bio-repositório que preserva o material genético. No caso das plantas, isto é feito através do armazenamento in vitro, do congelamento de estacas da planta ou do armazenamento das sementes (por exemplo, num banco de sementes). No caso dos animais, isto é feito através do congelamento de esperma e óvulos em congeladores zoológicos até nova necessidade. A grande maioria dos bancos de genes contém seres vivos, ou partes deles, como as sementes, que contêm a coleção de diferentes genes que tornam cada variedade de planta ou raça animal única.

O GenBank foi criado em 1979 no Laboratório Nacional de Los Alamos e chamava-se Los Alamos Sequence Database. Passou a chamar-se GenBank em 1982 e tornou-se uma base de dados pública. Os dados genómicos são dados relacionados com a estrutura e a função do genoma de um organismo. O genoma é constituído por todos os dados celulares de que um organismo necessita para crescer e funcionar. Os dados genómicos incluem informações como a sequência de moléculas nos genes de um organismo. Inclui também a função de cada gene, os elementos reguladores que controlam a expressão genética e as interações entre diferentes genes e proteínas. Uma rede global de biólogos, geneticistas e cientistas de dados recolhe dados genómicos. Prevê-se que esta rede crie muitos Exabytes (EB) de dados genómicos na próxima década.

2.3 Bases de dados de genomas de vertebrados:

A base de dados do Genoma de Vertebrados é uma base de dados biológica dedicada a ajudar os investigadores a localizar áreas específicas do genoma e a anotar genes ou regiões de genomas de vertebrados. O navegador VEGA baseia-se no código e na infraestrutura da Web Ensemble e fornece uma cortina pública de genes de vertebrados conhecidos para a comunidade científica. O sítio Web VEGA é atualizado com frequência para manter as informações mais recentes sobre os genomas de vertebrados e tenta apresentar de forma consistente anotações de alta qualidade de todos os genomas ou regiões de vertebrados publicados. A Comunidade de Cientistas do Genoma 10K (G10KCOS) está a concentrar-se no Projeto Genomas de Vertebrados, que visa gerar conjuntos de genomas de referência quase isentos de erros de todas as 10 000 espécies de vertebrados existentes, como mamíferos, aves, répteis, anfíbios e peixes, etc. Estes genomas serão utilizados para responder a questões fundamentais da biologia e da doença, O VEGA foi desenvolvido pelo Welcome Trust Sanger Institute e está em estreita associação com outras bases de dados de anotação, como a ZFIN (The Zebrafish Information Network), o Grupo de Havana e o GenBank. Atualmente, a anotação manual é mais precisa do que os métodos automatizados na identificação de variantes de emenda, pseudo genes, caraterísticas de poliadenilação, regiões não codificantes e arranjos complexos de genes.

2.4 Base de dados de genomas de plantas:

O Plant Genome DataBase Japan (PGDBj) é um sítio Web que contém informações relacionadas com os genomas de plantas modelo e de culturas a partir de bases de dados. Tem três componentes principais: a base de dados ortodoxa, a base de dados de marcadores de ADN e mapas de ligação e a base de dados de recursos vegetais, onde estão integrados vários recursos vegetais acumulados por diferentes institutos. O objetivo é "fornecer uma plataforma que permita pesquisas comparativas de diferentes recursos". O Plants DB é um recurso para analisar e armazenar informações genéticas e genómicas de várias plantas e oferece ferramentas para consultar esses dados e efetuar análises comparativas com a ajuda de ferramentas internas. PLAZA é outro recurso em linha para a genómica comparativa que integra dados de sequências de plantas e métodos de genómica comparativa e efectua análises evolutivas dentro da linhagem de plantas verdes (Viridiplantae).

O Recurso de Informação sobre Arabidopsis (TAIR) mantém uma base de dados na Internet sobre a "planta superior modelo Arabidopsis Thaliana"

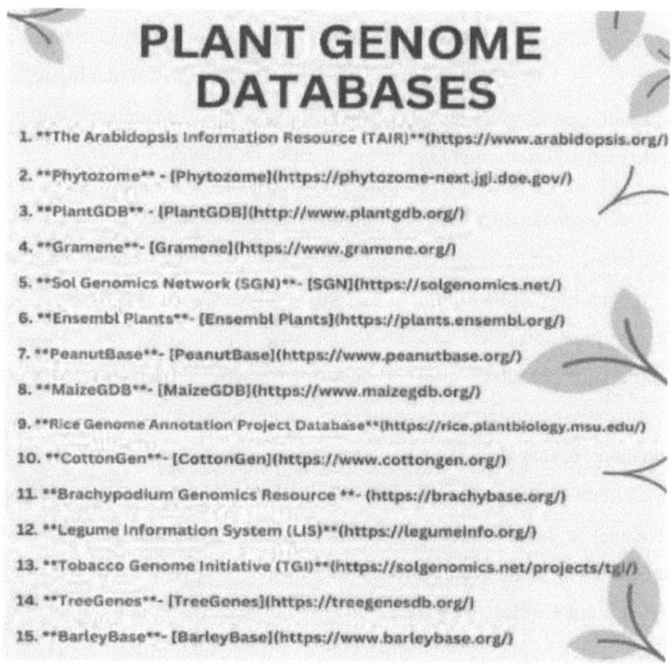

2.5 TIGR Plant Genomics:

A genómica vegetal está a inverter o paradigma anterior de identificação de genes por detrás de funções biológicas e, em vez disso, centra-se na descoberta de funções biológicas por detrás dos genes.

O Instituto de Investigação Genómica (TIGR):

O Instituto de Investigação Genómica (TIGR) é um instituto de investigação sem fins lucrativos situado em Rockville, Maryland. O principal interesse do TIGR é a sequenciação dos genomas e a subsequente análise das sequências em organismos procarióticos e eucarióticos. J. Craig Venter fundou o TIGR em 1992 e foi seu presidente até 1998. A partir de 2002, Venter continuou a ser o presidente do conselho de administração do TIGR.

Os cientistas do TIGR sequenciaram os genomas de uma série de vírus, bactérias, arqueobactérias, plantas, animais, fungos e protozoários. As sequências das bactérias *Haemophilus influenzae* e *Mycoplasma genitalium*, publicadas em 1996, foram as primeiras sequências completas de DNA bacteriano jamais realizadas. Em 1996, foi publicada a sequência completa de uma arqueobactéria (*Methanococcus jannaschii*). Desde essa altura, o TIGR sequenciou 19 outros genomas bacterianos. Estes incluem os genomas das bactérias que causam a cólera, a tuberculose, a meningite, a sífilis, a doença de Lyme e as úlceras gástricas. Além disso, o TIGR sequenciou o genoma do parasita protozoário *Plasmodium falciparum*, a causa da malária.

A génese do TIGR foi a automatização do processo de sequenciação do ADN. Este avanço tornou tangível a ideia de esforços de sequenciação em grande escala. Mais ou menos na mesma altura, Venter era o líder de uma secção no National Institute of Neurological Disorders and Stroke. Desenvolveu uma técnica designada por clonagem shotgun que permitia sequenciar de forma eficiente e rápida grandes extensões de ADN. A utilização de cromossomas artificiais bacterianos numa estratégia de sequenciação que tinha sido desenvolvida por Venter permitiu inserir grandes secções do genoma humano na bactéria *Escherichia coli*, onde muitas cópias das sequências podiam ser produzidas para análise das sequências. Esta técnica provou ser muito mais rápida do que a técnica de sequenciação mais convencional que estava a ser feita simultaneamente pelo governo dos Estados Unidos. A técnica envolvia a criação de muitos fragmentos sobrepostos de ADN, a determinação das sequências e, em seguida, utilizando as sequências comuns presentes nas regiões sobrepostas, a junção dos fragmentos para produzir a sequência completa de um genoma. No entanto, o conceito não foi prontamente aceite. Na altura, a estratégia de sequenciação convencional consistia em começar a sequenciação numa extremidade do genoma e progredir até à outra extremidade de forma linear.

Em 1992, Venter deixou o National Institutes of Health e, com a receção de uma subvenção de 10 anos no valor de 70 milhões de dólares de uma empresa privada, fundou o TIGR para utilizar a filosofia da clonagem shotgun aplicada à sequenciação em larga escala de informação genética. A aceitação da abordagem de Venter e do TIGR à sequenciação de genes surgiu com a publicação, em 1995, da sequência do genoma da bactéria *Haemophilus influenzae*. Este facto representou a primeira determinação de uma sequência do genoma de um organismo vivo.

2.6 TAIR:

O Recurso de Informação sobre Arabidopsis (TAIR) é um recurso comunitário e uma base de dados em linha sobre organismos modelo de dados genéticos e de biologia molecular para a planta modelo *Arabidopsis thaliana*, vulgarmente conhecida como agrião-da-orelha-do-rato.

O TAIR integra informações sobre o genoma da Arabidopsis, genes, produtos de genes, variantes naturais, alelos mutantes e fenótipos de plantas e literatura de investigação. Os dados no TAIR podem ser recuperados através de pesquisas simples e avançadas, ferramentas de consulta e descarregamento em massa, e em colecções de ficheiros de texto preparados. O genoma da Arabidopsis e as anotações podem ser visualizados utilizando as ferramentas interactivas SeqViewer e GBrowse. Os curadores biológicos do TAIR são responsáveis pela aquisição e integração de dados da literatura de investigação (anotação funcional), bem como pela assistência à comunidade na utilização dos dados e ferramentas da Arabidopsis. O TAIR colabora com o Arabidopsis Biological Resource Consortium (ABRC) para permitir que os investigadores pesquisem, naveguem e encomendem sementes e stocks de ADN. A missão do ABRC é adquirir, preservar e distribuir sementes e recursos de ADN úteis para a comunidade de investigação da Arabidopsis. A comunidade TAIR inclui mais de 28.000 utilizadores registados e o sítio Web atrai cerca de 60.000 visitantes únicos por mês.

2.7 Bases de dados de genomas de insectos:

A Insect Base é uma base de dados de recursos genéticos de insectos, que serve como um recurso valioso para satisfazer as múltiplas necessidades de investigação dos entomologistas, bem como das comunidades de investigação relacionadas com a evolução animal e a genómica comparativa de invertebrados.

FlyBase é uma base de dados bioinformáticos em linha e o principal repositório de dados genéticos e moleculares para a família de insectos Drosophilidae. Para a espécie mais extensivamente estudada e organismo modelo, *Drosophila melanogaster*, é apresentada uma vasta gama de dados em diferentes formatos. A informação na FlyBase tem origem numa variedade de fontes, desde projectos de genoma em grande escala até à literatura de investigação primária. Estes tipos de dados incluem fenótipos mutantes, caraterização molecular de alelos mutantes e outros desvios, mapas citológicos, padrões de expressão do tipo selvagem, imagens anatómicas, construções e inserções transgénicas, modelos de genes ao nível da sequência e classificação molecular das funções dos produtos genéticos. As ferramentas de consulta permitem navegar na FlyBase através da sequência de ADN ou de proteínas, pelo nome do gene ou do mutante, ou através de termos das várias ontologias utilizadas para captar dados funcionais, fenotípicos e anatómicos.

A base de dados oferece várias ferramentas de consulta diferentes, a fim de proporcionar um acesso eficiente aos dados disponíveis e facilitar a descoberta de relações significativas na base de dados. As ligações entre a FlyBase e bases de dados externas, como a BDGP ou a modENCODE, permitem explorar outras bases de dados de organismos modelo e outros recursos de informação biológica e molecular. O projeto FlyBase é levado a cabo por um consórcio de investigadores *de Drosophila* e cientistas informáticos da Universidade de Harvard e da Universidade de Indiana, nos Estados Unidos, e da Universidade de Cambridge, no Reino Unido. A FlyBase é uma das organizações que contribuem para a Base de Dados Genérica de Organismos Modelo (GMOD)

2.8 Drosophila:

A Drosophila melanogaster tem sido um organismo experimental desde o início do século XX e, desde então, tem sido colocada na vanguarda de muitas áreas de investigação. À medida que este campo de investigação se expandiu e se tornou global, os investigadores que trabalhavam nos mesmos problemas precisavam de uma forma de comunicar e monitorizar os progressos no terreno. Este nicho foi inicialmente preenchido por boletins informativos comunitários, como o Drosophila Information Service (DIS), que remonta a 1934, quando o campo estava a começar a espalhar-se a partir do laboratório de Thomas Hunt Morgan. O material destas páginas apresentava "catálogos" regulares de mutações e bibliografias da literatura sobre Drosophila. À medida que as infra-estruturas informáticas se desenvolveram nos anos 80 e 90, estas newsletters cederam lugar e fundiram-se com listas de correio eletrónico da Internet, que acabaram por se tornar recursos e dados em linha. Em 1992, os dados sobre a genética e genómica de *D. melanogaster* e espécies relacionadas estavam disponíveis eletronicamente na Internet através dos grupos informáticos FlyBase, BDGP (Berkeley Drosophila Genome Project) e EDGP (European Drosophila Genome Project). Estes grupos reconheceram que a maioria dos tipos de dados dos projectos genómicos e da comunidade se sobrepunham. Decidiram que seria útil apresentar à comunidade científica uma visão integrada dos dados. Em outubro de 1992, o Centro Nacional de Investigação do Genoma Humano dos NIH financiou o projeto FlyBase com o objetivo de conceber, construir e divulgar uma base de dados de informações genéticas e moleculares sobre a *Drosophila melanogaster*. A FlyBase também recebe apoio do Medical Research Council, de Londres. Em 1998, o consórcio FlyBase integrou a informação num único servidor genómico de Drosophila. A partir de 2022, o projeto FlyBase foi levado a cabo por um consórcio de investigadores de Drosophila e cientistas informáticos da Universidade de Harvard, da Universidade de Cambridge (Reino Unido), da Universidade de Indiana e da Universidade do Novo México.

2.9 Base de dados de genomas de fungos:-

Fungi (http://FungiDB.org) é um recurso de genómica funcional para genomas pan-fúngicos que foi desenvolvido em parceria com o Eukaryotic Pathogen Bioinformatics resource centre (http://EuPathDB.org). As entradas da GDB estão altamente ligadas entre si, a citações da literatura e a entradas noutras bases de dados, incluindo as bases de dados de sequências, OMIM e a base de dados do genoma do rato.

2.10 Levedura SGD:

A **base de dados do genoma *de Saccharomyces*** (**SGD**) é uma base de dados científica sobre a biologia molecular e a genética da levedura *Saccharomyces cerevisiae*, vulgarmente conhecida como levedura de padeiro ou levedura em brotamento. Para mais informações, consultar o sítio Yeastract repositório com curadoria. O SGD fornece acesso pela Internet à sequência completa do ADN genómico *da Saccharomyces cerevisiae*, aos seus genes e respectivos produtos, aos fenótipos dos seus mutantes e à literatura que suporta estes dados. No relatório da literatura revista por pares, os resultados das experiências sobre a função e a interação dos genes de levedura são extraídos por uma seleção manual de alta qualidade e integrados numa base de dados bem desenvolvida. Os dados são combinados com resultados de alta qualidade e publicados nas páginas Locus Summary, que é um poderoso motor de pesquisa e um navegador de genoma rico. Com base na complexidade da recolha de informações, são utilizadas várias ferramentas bioinformáticas para integrar as informações e permitir a descoberta produtiva de novos pormenores biológicos. A norma de ouro para a descrição funcional da levedura de brotamento é fornecida pelo recurso SGD. O recurso SGD também fornece uma plataforma a partir da qual se podem investigar genes e vias relacionados em organismos superiores. A quantidade de informação e o número de caraterísticas fornecidas pelo SGD aumentaram muito após a libertação da sequência genómica *de S. cerevisiae*. O SGD ajuda os investigadores fornecendo não só informação básica, mas também ferramentas como a pesquisa de semelhança de sequências que conduzem a informação detalhada sobre caraterísticas do genoma e relações entre genes. O SGD apresenta a informação através de uma variedade de ecrãs gráficos de fácil utilização, criados dinamicamente, que ilustram mapas de caraterísticas físicas, genéticas e de sequência. Todos os dados do SGD são de acesso livre a investigadores e educadores de todo o mundo, através de páginas Web concebidas para uma utilização extremamente fácil.

2.11 Métodos de análise

Existem várias ferramentas de análise diferentes fornecidas pelo SGD.

BLAST, Basic Local Alignment Search Tool, o programa foi concebido para encontrar regiões semelhantes entre sequências biológicas. O SGD permite aos utilizadores efetuar pesquisas BLAST de conjuntos de dados de sequências de *S. cerevisiae*.

O Fungal BLAST permite efetuar pesquisas entre múltiplas sequências de fungos

O Gene Ontology (GO) Term Finder procura termos GO significativos partilhados ou os seus pais e é utilizado para descrever os genes consultados para ajudar os utilizadores a descobrir o que os genes têm em comum.

O GO Slim Mapper mapeia as anotações de um grupo de genes para termos mais gerais e/ou agrupa-os em categorias amplas.

O Pattern Matching é um recurso que permite aos utilizadores procurar sequências curtas de nucleótidos ou péptidos com menos de 20 resíduos ou padrões ambíguos/degenerados.

A análise de restrição permite aos utilizadores efetuar uma análise de restrição introduzindo um nome de sequência ou uma sequência de ADN arbitrária.

3. Genómica aplicada

3.1 Estratégias para um grande projeto de sequenciação do genoma

A estratégia utilizada foi designada por "sequenciação hierárquica por shotgun", que envolve várias etapas independentes. Em primeiro lugar, foram clonados grandes fragmentos do genoma humano utilizando a metodologia dos cromossomas artificiais bacterianos (BACs). O ADN humano foi fragmentado em pedaços de cerca de 150.000-200.000 pares de bases. A sequenciação é uma estratégia essencial para a compreensão, e o objetivo geral da leitura é a compreensão. É por isso que a sequenciação é tão importante para o desenvolvimento da literacia dos alunos. Normalmente, a sequenciação é feita para textos narrativos e pode ser ensinada individualmente, em pequenos grupos e em grande grupo.

As estratégias utilizadas para a sequenciação de genomas incluem o método de Sanger, a sequenciação shotgun, a sequenciação em pares e a sequenciação de nova geração.

- O método Sanger é uma técnica básica de sequenciação que utiliza dideoxinucleótidos marcados com fluorescência (ddNTPs) durante a replicação do ADN, o que resulta em múltiplas cadeias curtas de ADN replicado que terminam em pontos diferentes, com base no local onde o ddNTP foi incorporado.
- A sequenciação shotgun é um método que corta aleatoriamente fragmentos de ADN em pedaços mais pequenos e, em seguida, com a ajuda de um computador, pega nos fragmentos de ADN, analisa-os para encontrar sequências sobrepostas e volta a montar toda a sequência de ADN.
- A sequenciação de extremidades aos pares é um tipo de sequenciação shotgun que é utilizada para genomas maiores e analisa ambas as extremidades dos fragmentos de ADN para detetar sobreposições.
- A sequenciação de nova geração é um tipo de sequenciação automatizada que se baseia em software sofisticado para a sequenciação rápida de ADN.

3.2 Estratégias utilizadas na sequenciação de projectos:

A técnica de sequenciação básica utilizada em todos os projectos de sequenciação modernos é o método de terminação em cadeia (também conhecido como método dideoxi), que foi desenvolvido por Fred Sanger na década de 1970. O método de terminação de cadeia envolve a replicação do ADN de um modelo de cadeia simples com a utilização de um iniciador e de um desoxinucleótido regular (dNTP), que é um monómero, ou uma unidade única, de ADN. O iniciador e o dNTP são misturados com uma pequena proporção de dideoxinucleótidos marcados com fluorescência (ddNTPs). Os ddNTPs são monómeros aos quais falta um grupo hidroxilo (-OH) no local onde outro nucleótido normalmente se liga para formar uma cadeia. Cada ddNTP é marcado com uma cor diferente de fluoróforo. Sempre que um ddNTP é incorporado na cadeia complementar em crescimento, termina o processo de replicação do ADN, o que resulta em múltiplas cadeias curtas de ADN replicado, cada uma terminada num ponto diferente durante a replicação. Quando a mistura de reação é processada por eletroforese em gel após ter sido separada em cadeias simples, as múltiplas cadeias de ADN recém-replicado formam uma escada devido aos seus diferentes tamanhos. Como os ddNTPs são marcados com fluorescência, cada banda no gel reflecte o tamanho da cadeia de ADN e o ddNTP que terminou a reação. As diferentes cores dos ddNTPs marcados com fluoróforos ajudam a identificar o ddNTP incorporado nessa posição. A leitura do gel com base na cor de cada banda da escada produz a sequência da cadeia modelo.

3.3 Estratégias iniciais: Sequenciação Shotgun e Sequenciação de Extremidades Pair-Wise:

No método de sequenciação por caçadeira, várias cópias de um fragmento de ADN são cortadas aleatoriamente em muitos pedaços mais pequenos (um pouco à semelhança do que acontece a um cartucho de tiro redondo quando disparado de uma caçadeira). Todos os segmentos são depois sequenciados utilizando o método de sequenciação em cadeia. Depois, com a ajuda de um computador, os fragmentos são analisados para ver onde as suas sequências se sobrepõem. Ao fazer corresponder as sequências sobrepostas no final de cada fragmento, toda a sequência de ADN pode ser reformada. Uma sequência maior que é montada a partir da sobreposição de sequências mais curtas é chamada de contig. Como analogia, considere que alguém tem quatro cópias de uma fotografia de uma paisagem que você nunca viu antes e não sabe nada sobre como ela deve aparecer. A pessoa rasga cada fotografia com as mãos, de modo a que cada cópia tenha pedaços de tamanhos diferentes. Depois, mistura todos os pedaços e pede-lhe que reconstrua a fotografia. Num dos pedaços mais pequenos, vê uma montanha. Num fragmento maior, vê que a mesma montanha está atrás de um lago. Um terceiro fragmento mostra apenas o lago, mas revela que existe uma cabana na margem do lago. Portanto, ao olhar para a informação sobreposta nestes três fragmentos, sabe-se que a imagem contém uma montanha atrás de um lago que tem uma cabana na sua margem. Este é o princípio subjacente à reconstrução de sequências inteiras de ADN utilizando a sequenciação shotgun.

3.4 Abordagens e métodos de montagem para a sequenciação de genomas:

Existem dois tipos diferentes de montagem do genoma: montagem de novo e mapeamento para um genoma de referência (também conhecido como alinhamento baseado em referência). A montagem de novo refere-se à montagem do genoma de um novo genoma a partir do zero, sem a ajuda de dados genómicos de referência.

3.5 Montadores de genomas:

Os primeiros montadores de sequências começaram a aparecer no final da década de 1980 e no início da década de 1990 como variantes de programas de alinhamento de sequências mais simples para juntar grandes quantidades de fragmentos gerados por instrumentos de sequenciação automatizada, chamados sequências de ADN. À medida que os organismos sequenciados cresciam em tamanho e complexidade (de pequenos vírus sobre plasmídeos a bactérias e, finalmente, eucariotas), os programas de montagem utilizados nestes projectos de genoma precisavam de estratégias cada vez mais sofisticadas:

- terabytes de dados de sequenciação que necessitam de ser processados em clusters de computação;
- sequências idênticas e quase idênticas (conhecidas como *repetições*) que podem, no pior dos casos, aumentar quadraticamente a complexidade temporal e espacial dos algoritmos;
- Erros de leitura de ADN nos fragmentos provenientes dos instrumentos de sequenciação, que podem confundir a montagem.

Confrontados com o desafio de reunir os primeiros genomas eucarióticos de maiores dimensões - a mosca da fruta *Drosophila melanogaster* em 2000 e o genoma humano apenas um ano mais tarde - os cientistas desenvolveram montadores como o Celera Assembler[1] e Arachneable para lidar com genomas de 130 milhões (por exemplo, a mosca da fruta *D. melanogaster*) a 3 mil milhões (por exemplo, o genoma humano) de pares de bases. Na sequência destes esforços, vários outros grupos, principalmente nos principais centros de sequenciação de genomas, construíram montadores de grande escala, e foi lançado um esforço de código aberto conhecido como AMOS para reunir todas as inovações na tecnologia de montagem de genomas num quadro de código aberto.

3.6 Tipos de montagem de sequências

Existem três abordagens para a montagem de dados de sequenciação:

1. De-novo: montagem de leituras de sequências para criar sequências completas (por vezes novas), sem utilizar um modelo (ver montadores de sequências de novo, montagem de transcriptase de novo)
2. Mapeamento/Alinhamento: montagem de leituras através do alinhamento de leituras com um modelo (também conhecido como referência). O consenso montado pode não ser idêntico ao modelo.
3. Guiado por referência: agrupamento de leituras por semelhança com a região mais semelhante da referência (mapeamento por etapas). As leituras dentro de cada grupo são então encurtadas para imitar a qualidade das leituras curtas. Um método típico para o fazer é a abordagem k-mer. A montagem guiada por referência é mais útil utilizando leituras longas.

3.7 Montagem de novo vs. montagem de mapeamento:

Em termos de complexidade e requisitos de tempo, as montagens de-novo são ordens de grandeza mais lentas e consomem mais memória do que as montagens de mapeamento. Isto deve-se principalmente ao facto de o algoritmo de montagem ter de comparar cada leitura com cada outra leitura (uma operação que tem uma complexidade de tempo ingénua de $O(n^2)$). Os actuais montadores de genomas de-novo podem utilizar diferentes tipos de algoritmos baseados em grafos, como o:

- Abordagem *Overlap/Layout/Consensus* (OLC), que era típica dos montadores de dados Sanger e se baseia num gráfico de sobreposição.
- A abordagem de *gráfico de Bruijn* (DBG), que é mais amplamente aplicada às leituras curtas das plataformas Solexa e SOLiD. Baseia-se em gráficos K-mer, que funcionam bem com grandes quantidades de leituras curtas.
- Abordagem *baseada em gráficos gulosos*, que também pode utilizar uma das abordagens OLC ou DBG. Com algoritmos baseados em gráficos gulosos, os contigs crescem por extensão gulosa, assumindo sempre a leitura que é encontrada seguindo a sobreposição com maior pontuação.

Referindo-nos à comparação feita com livros retalhados na introdução: enquanto que para as assembleias de mapeamento se teria um livro muito semelhante como modelo (talvez com os nomes das personagens principais e alguns locais alterados), as assembleias de-novo apresentam um desafio mais assustador, na medida em que não se saberia de antemão se este se tornaria um livro de ciência, um romance, um catálogo ou mesmo vários livros. Além disso, cada fragmento seria comparado com todos os outros fragmentos. O tratamento das repetições na montagem de-novo requer a construção de um gráfico que represente as repetições vizinhas. Essa informação pode ser obtida a partir da leitura de um fragmento longo que cubra as repetições na totalidade ou apenas nas suas duas extremidades. Por outro lado, numa montagem de mapeamento, as partes com correspondências múltiplas ou sem correspondências são normalmente deixadas para serem analisadas por outra técnica de montagem

3.8 Pipeline de montagem de sequências:

Em geral, existem três passos na montagem de leituras de sequenciação num andaime:

Pré-montagem: Esta etapa é essencial para garantir a integridade da análise a jusante, como a identificação de variantes ou a sequência final do andaime. Esta etapa consiste em dois fluxos de trabalho cronológicos:

Controlo de qualidade: Consoante o tipo de tecnologia de sequenciação, podem surgir diferentes erros que conduzam a uma chamada de base falsa. Por exemplo, a sequenciação de "NAAAAAAAAAAAAN" e "NAAAAAAAAAAAAN", que incluem 12 adenina, pode ser erradamente chamada com 11 adenina. A sequenciação de um segmento altamente repetitivo do ADN/ARN alvo pode resultar numa chamada com uma base a menos ou uma base a mais. A qualidade da leitura é normalmente medida pelo Phred, que é uma pontuação codificada da qualidade de cada nucleótido na sequência de uma leitura. Algumas tecnologias de sequenciação, como a PacBio, não têm um método de pontuação para as suas leituras sequenciadas. Uma ferramenta comum utilizada nesta etapa é o FastQC.[6]

Filtragem de leituras: As leituras que não passaram na verificação de qualidade devem ser removidas do ficheiro FASTQ para obter os melhores contigs de montagem.

3.9 Montagem:

Durante este passo, o alinhamento das leituras será utilizado com diferentes critérios para mapear cada leitura para a localização possível. A posição prevista de uma leitura baseia-se na quantidade da sua sequência que se alinha com outras leituras ou com uma referência. São utilizados diferentes algoritmos de alinhamento para leituras de diferentes tecnologias de sequenciação. Algumas das abordagens normalmente utilizadas na montagem são o gráfico de Bruijn e a sobreposição. O comprimento da leitura, a cobertura, a qualidade e a técnica de sequenciação utilizada desempenham um papel importante na escolha do melhor algoritmo de alinhamento no caso da sequenciação de nova geração.[7] Por outro lado, os algoritmos de alinhamento de leituras de sequenciação de 3ª geração requerem abordagens avançadas para ter em conta a elevada taxa de erro que lhes está associada.

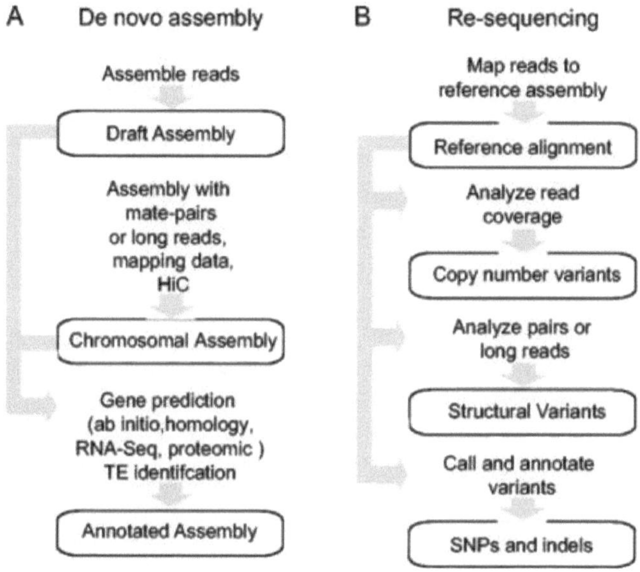

3.10 Métodos NGS e vantagens:

3.10.1 Introdução ao NGS

A sequenciação de nova geração (NGS) é uma tecnologia que permite determinar a sequência de ADN ou ARN para estudar a variação genética associada a doenças ou outros fenómenos biológicos. Introduzido para uso comercial em 2005, este método foi inicialmente designado por "sequenciação massivamente paralela", porque permitia a sequenciação de muitas cadeias de ADN ao mesmo tempo, em vez de uma de cada vez, como na sequenciação tradicional de Sanger por eletroforese capilar (CE).

Cada uma destas tecnologias tem utilidade no atual ambiente de análise genética. A sequenciação Sanger é a melhor para analisar pequenos números de alvos genéticos e amostras e pode ser realizada num único dia. É também considerada a tecnologia de sequenciação padrão-ouro, pelo que os resultados da NGS são frequentemente verificados utilizando a sequenciação Sanger. A NGS permite a interrogação de centenas a milhares de genes de uma só vez em várias amostras, bem como a descoberta e análise de diferentes tipos de caraterísticas genómicas numa única execução de sequenciação, desde variantes de nucleótidos simples (SNV) a variantes estruturais e de número de cópias e até fusões de ARN. O NGS proporciona o rendimento ideal por execução e os estudos podem ser realizados de forma rápida e económica. A velocidade, o rendimento e a precisão do NGS revolucionaram a análise genética e permitiram novas aplicações em investigação genómica e clínica, saúde reprodutiva e ciências ambientais, agrícolas e forenses.

3.10.2 Fluxo de trabalho da sequenciação de nova geração:

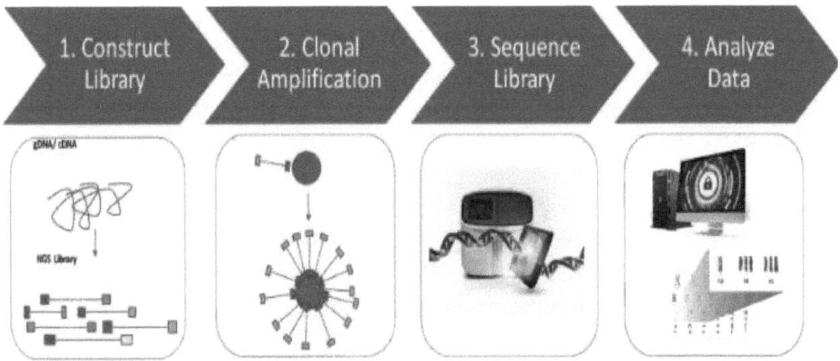

Figure 1. NGS workflow steps

3.10.3 Construir a biblioteca:

Deve ser criada uma "biblioteca" de sequenciação a partir da amostra. A amostra de ADN (ou cADN) é processada em fragmentos de cadeia dupla relativamente curtos (100-800 pb). Dependendo da aplicação específica, a fragmentação do ADN pode ser efectuada de várias formas, incluindo corte físico, digestão enzimática e amplificação de regiões genéticas específicas com base em PCR. Os fragmentos de ADN resultantes são então ligados a sequências de adaptadores específicos da tecnologia, formando uma biblioteca de fragmentos. Estes adaptadores podem também ter um "código de barras" molecular único, pelo que cada amostra pode ser marcada com uma sequência de ADN única. Isto permite que várias amostras sejam misturadas e sequenciadas ao mesmo tempo. Por exemplo, os códigos de barras 1-20 podem ser utilizados para marcar individualmente 20 amostras e depois analisá-las numa única execução de sequenciação. Esta abordagem, denominada "pooling" ou "multiplexing", poupa tempo e dinheiro durante as experiências de sequenciação e controla a variação do fluxo de trabalho, uma vez que as amostras agrupadas são processadas em conjunto.

Para além das bibliotecas de fragmentos, existem dois outros métodos especializados de preparação de bibliotecas: as bibliotecas de extremidades emparelhadas e as bibliotecas de pares de mate. As bibliotecas de extremidades emparelhadas permitem aos utilizadores sequenciar o fragmento de ADN a partir de ambas as extremidades, em vez da sequenciação típica que ocorre apenas numa única direção. As bibliotecas de extremidade emparelhada são criadas como as bibliotecas de fragmentos normais, mas têm etiquetas adaptadoras em ambas as extremidades da inserção de ADN que permitem a sequenciação a partir de duas direcções. Esta metodologia facilita o mapeamento das leituras e pode ser utilizada para melhorar a deteção de rearranjos genómicos, elementos de sequência repetitiva e fusões de genes de ARN ou variantes de emenda. No entanto, as melhorias nos métodos modernos de preparação de bibliotecas e nas ferramentas de análise tornaram possível detetar estas caraterísticas também com sequenciação de uma única direção. A criação de bibliotecas de pares de companheiros é mais complexa do que a de bibliotecas de fragmentos ou de extremidades emparelhadas e envolve inserções de ADN de muito maior dimensão (mais de 2 kb e até 30 kb). A sequenciação de bibliotecas de pares de companheiros gera duas leituras que estão distantes uma da outra e na orientação oposta. Utilizando a informação física associada entre as duas leituras de sequenciação, a sequenciação de pares de parceiros é útil para a montagem de novo, a deteção de grandes variantes estruturais e a identificação de rearranjos genómicos complexos.

3.10.4 Amplificação clonal:

Antes da sequenciação, a biblioteca de ADN tem de ser ligada a uma superfície sólida e amplificada clonalmente para aumentar o sinal que pode ser detectado a partir de cada alvo durante a sequenciação. Durante este processo, cada molécula de ADN única da biblioteca é ligada à superfície de uma pérola ou de uma célula de fluxo e amplificada por PCR para criar um conjunto de clones idênticos. No caso da tecnologia Ion Torrent, é utilizado um processo denominado "modelação" para adicionar as moléculas da biblioteca às esferas.

3.10.5 Biblioteca de sequências:

Todo o ADN da biblioteca é sequenciado ao mesmo tempo utilizando um instrumento de sequenciação. Embora cada tecnologia NGS seja única, todas elas utilizam uma versão do método de "sequenciação por síntese", lendo bases individuais à medida que crescem ao longo de uma cadeia polimerizada. Este é um ciclo com passos comuns: Síntese de bases de ADN em ADN de cadeia simples, seguida de deteção da base incorporada e subsequente remoção de reagentes para reiniciar o ciclo. A maioria dos instrumentos de sequenciação utiliza a deteção ótica para determinar a incorporação de nucleótidos durante a síntese de ADN. Os instrumentos Ion Torrent utilizam a deteção eléctrica para detetar a libertação de iões de hidrogénio, que ocorre naturalmente quando os nucleótidos são incorporados durante a síntese de ADN.

3.10.6 Analisar os dados:

Cada experiência NGS gera grandes quantidades de dados complexos constituídos por leituras curtas de ADN. Embora cada plataforma tecnológica tenha os seus próprios algoritmos e ferramentas de análise de dados, partilham um "pipeline" de análise semelhante e utilizam métricas comuns para avaliar a qualidade dos conjuntos de dados NGS.

A análise pode ser dividida em três etapas: análise primária, secundária e terciária (Figura 2). A análise primária é o processamento dos sinais brutos dos detectores do instrumento em dados digitalizados ou chamadas de base. Estes dados brutos são recolhidos durante cada ciclo de sequenciação. O resultado da análise primária são ficheiros que contêm chamadas de base reunidas em leituras de sequenciação (ficheiros FASTQ) e as respectivas pontuações de qualidade associadas (pontuação de qualidade Phred). A análise secundária envolve a filtragem e o corte de leituras com base na qualidade, seguidos do alinhamento das leituras com um genoma de referência ou da montagem de leituras para novos genomas e, finalmente, da identificação de variantes. O principal resultado é um ficheiro BAM que contém as leituras alinhadas. A análise terciária é a etapa mais difícil, pois envolve a interpretação dos resultados e a extração de informações significativas dos dados.

3.10.7Vantagens do NGS Over:

A combinação de elevado rendimento, rentabilidade, velocidade, resolução de dados, versatilidade, exatidão e capacidade de detetar variantes genéticas raras da NGS impulsionou-a para a vanguarda da análise genética, eclipsando muitos métodos tradicionais de sequenciação e impulsionando inovações na investigação genómica e nas aplicações clínicas.

3.10.8 Elevado rendimento:

A natureza de alto rendimento do NGS é um fator de mudança. Pode processar simultaneamente muitos fragmentos de ADN, o que torna extremamente rápida a sequenciação de genomas inteiros. Em contraste, os métodos de sequenciação tradicionais, como a sequenciação Sanger, funcionam frequentemente com um fragmento de cada vez, o que os torna morosos para projectos de grande escala.

3.10.9 Custo-eficácia:

O NGS reduziu significativamente o custo por par de bases da sequenciação. A produção de uma grande quantidade de dados numa única execução reduz substancialmente os custos de mão de obra, reagentes e equipamento. Esta relação custo-eficácia democratizou a investigação genómica, tornando-a acessível a um leque mais vasto de investigadores e instituições.

3.10.10 Velocidade:

O tempo de execução rápido do NGS é inestimável tanto na investigação como em contextos clínicos. Pode produzir resultados em dias ou semanas, enquanto os métodos tradicionais podem demorar semanas ou meses para tarefas semelhantes. Esta rapidez é particularmente crítica durante surtos de doenças, situações médicas urgentes ou experiências sensíveis ao tempo.

3.10.11 Resolução de dados:

O NGS proporciona um nível mais elevado de resolução de dados. Os investigadores podem detetar variações genéticas, rearranjos estruturais e mutações a uma escala mais fina. Esta precisão é vital para compreender paisagens genéticas complexas e desvendar a base genética das doenças.

3.10.12 Versatilidade:

O NGS é versátil e adaptável a várias aplicações. Pode ser utilizado para sequenciação de todo o genoma, painéis de genes específicos, sequenciação de ARN e muito mais. Os métodos tradicionais, pelo contrário, são frequentemente especializados e menos flexíveis na resposta a diversas necessidades de investigação.

3.10.13 Exatidão:

O NGS é altamente exato, com taxas de erro iguais ou mesmo superiores aos métodos tradicionais. A sua capacidade de gerar uma cobertura profunda - múltiplas leituras de cada fragmento de ADN - aumenta a precisão dos dados. Esta precisão é crucial para identificar variações genéticas associadas a doenças, em que mesmo uma única alteração de um par de bases pode ser significativa.

3.10.14 Deteção de variantes genéticas raras:

Uma das vantagens mais significativas do NGS é a sua capacidade de detetar variantes genéticas raras. Em algumas doenças, como certos tipos de cancro, as mutações genéticas raras podem ser a força motriz da doença. As capacidades de sequenciação profunda do NGS permitem aos investigadores descobrir estas variantes raras, que os métodos tradicionais podem não detetar. Isto é fundamental para compreender os mecanismos da doença, adaptar os tratamentos e fornecer prognósticos mais exactos aos doentes. Além disso, a deteção de variantes genéticas raras é valiosa para a genética das populações e para os estudos evolutivos, esclarecendo a diversidade genética e a adaptação em várias espécies.

3.10.15 Análise e anotação do genoma

A análise genómica consiste na identificação, medição ou comparação de caraterísticas genómicas, como a sequência de ADN, a variação estrutural, a expressão genética ou a anotação de elementos reguladores e funcionais à escala genómica.
Existem várias funções importantes das ferramentas utilizadas no processo de análise dos genomas. As ferramentas devem ter capacidades para:

- Comparar chamadas de variantes entre genomas
- Exportar dados para formatos convenientes para análise
- Filtrar e anotar resultados para facilitar a análise
- Criar um genoma de referência para análises sucessivas

O desenvolvimento de ferramentas adequadas para ajudar no processo de análise do genoma deve ser uma prioridade para o futuro, a fim de continuar a aumentar o conhecimento e a compreensão do campo da genómica. Análises genómicas para investigadores da Mayo Clinic e investigadores médicos de todo o mundo, que promovem a compreensão da doença humana, melhoram a saúde e promovem a excelência nos cuidados aos doentes. Para tal, o Núcleo de Análise do Genoma fornece uma vasta gama de serviços genómicos com consultoria especializada, apoio personalizado, acesso a tecnologias de ponta e dados da mais elevada qualidade.

O Núcleo de Análise Genómica, liderado pelos co-diretores Eric D. Wieben, Ph.D., e Julie M. Cunningham, Ph.D., fornece consultas para ajudar os investigadores a atingir os seus objectivos de investigação. Os serviços do núcleo apoiam os cuidados dos doentes, proporcionando um portal de descoberta através do qual os resultados clinicamente relevantes podem ser introduzidos na prática clínica de rotina. As análises genómicas permitem aos médicos e investigadores conhecer as diferenças e alterações na constituição genética de um indivíduo, o que leva à descoberta do papel que a genética desempenha na doença e no tratamento. O núcleo de análise do genoma oferece uma gama completa de aplicações de sequenciação de nova geração, expressão genética, genotipagem e metilação do ADN, tanto de leitura curta (Illumina) como de leitura longa (Pacific Biosciences), incluindo

- Preparação de bibliotecas para Illumina, PacBio e sequenciação de células individuais 10X
- Sequenciação de todo o genoma
- Metilação de todo o genoma
- Transcriptoma completo (RNA Seq)
- Sequenciação orientada (QiaSeq, Agilent)
- RNA pequeno (microRNA)
- Sequenciação por bissulfito de representação reduzida (RRBS)
- Microarrays para genotipagem de todo o genoma (Illumina Infinium)
- Validação da identificação de amostras (SIDV)
- Análises de células individuais 10X Genomics
- Seleção de alvos CRISPR/Cas-9 sem amplificador (PacBio)
- Iso-Seq (PacBio)

3.10.16 Anotação do genoma:

A anotação do genoma é o processo de encontrar e designar localizações de genes individuais e outras caraterísticas em sequências de ADN em bruto, chamadas conjuntos. A anotação dá significado a uma determinada sequência e torna muito mais fácil para os investigadores ver e analisar o seu conteúdo. A anotação do genoma é o processo de anexar informação biológica às sequências. Consiste em duas etapas principais: identificar elementos no genoma, um processo designado por predição de genes, e anexar informação biológica a esses elementos. As ferramentas de anotação automática tentam efetuar tudo isto através de análise informática, ao contrário da anotação manual (também conhecida como curadoria) que envolve conhecimentos humanos. Idealmente, estas abordagens coexistem e complementam-se mutuamente na mesma cadeia de anotação (processo). O nível básico de anotação é a utilização do BLAST para encontrar semelhanças e, em seguida, anotar os genomas com base nisso. No entanto, atualmente, são acrescentadas cada vez mais informações adicionais à plataforma de anotação. As informações adicionais permitem aos anotadores manuais resolver discrepâncias entre genes que recebem a mesma anotação. Algumas bases de dados utilizam informações sobre o contexto do genoma, pontuações de similaridade, dados experimentais e integrações de outros recursos para fornecer anotações do genoma através da sua abordagem de subsistemas. Outras bases de dados baseiam-se tanto em fontes de dados selecionados como numa série de diferentes ferramentas de software no seu processo de anotação automática do genoma.

A anotação estrutural consiste na identificação de elementos genómicos: ORFs e sua localização, estrutura do gene, regiões codificadoras e localização de motivos reguladores. A anotação funcional consiste em associar informações biológicas aos elementos genómicos: função bioquímica, função biológica, regulação e interações envolvidas e expressão. Estas etapas podem envolver tanto experiências biológicas como análises in silico. As abordagens baseadas na proteogenómica utilizam informações de proteínas expressas, frequentemente derivadas da espetrometria de massa, para melhorar as anotações genómicas. Foi desenvolvida uma variedade de ferramentas de software para permitir aos cientistas visualizar e partilhar anotações genómicas. A anotação do genoma é o próximo grande desafio para o Projeto Genoma Humano, agora que as sequências do genoma humano e de vários organismos modelo estão praticamente completas. A identificação da localização dos genes e de outros elementos de controlo genético é frequentemente descrita como a definição da "lista de peças" biológicas para a montagem e o funcionamento normal de um organismo. Os cientistas estão ainda numa fase inicial do processo de delinear esta lista de peças e de compreender como todas as peças se "encaixam". "

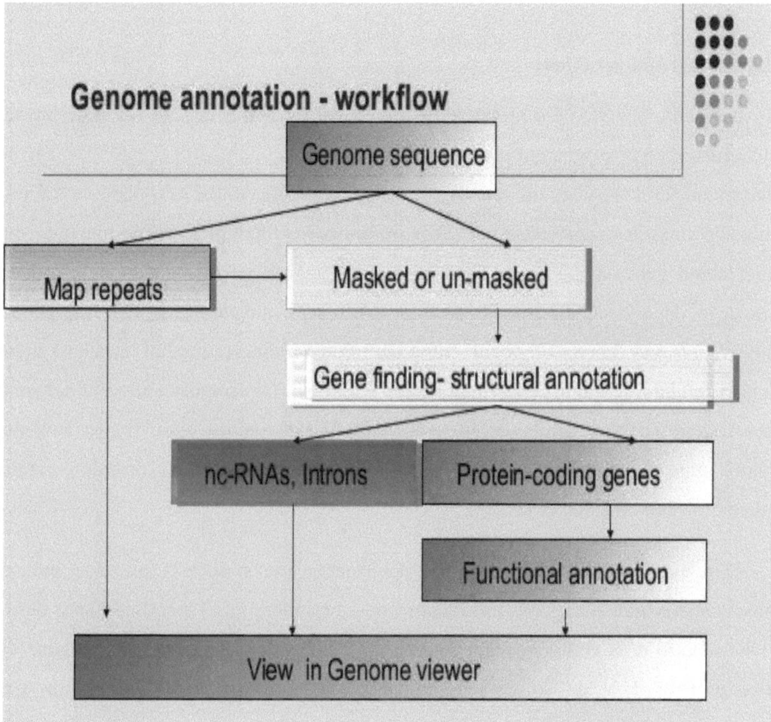

3.11 Conteúdo e perfil do ARN:

A caraterização do ARN tornou-se uma ferramenta fundamental para a moderna descoberta de medicamentos e para o estudo exaustivo da transcriptase. Ao investigar o conteúdo celular total de ARN, como o ARNm, o ARNr e o ARNt, os investigadores podem relacionar a informação sobre o genoma com a sua expressão proteica funcional. A caraterização do ARN tem por objetivo sequenciar todo o transcriptoma, que inclui ARN codificantes e não codificantes. Após a remoção do ARN ribossómico das amostras de ARN total, esta análise é ideal para encontrar biomarcadores a partir de transcrições conhecidas e novas caraterísticas de ARN. As amostras de ARN total podem conter até 90% de sequências de ARN ribossómico (ARNr). Estas sequências não são informativas para os estudos do transcriptoma ou da expressão genética, ao passo que os ARNm constituem normalmente apenas 1 a 2% do ARN total. Assim, o enriquecimento de amostras para mRNAs é altamente desejável.

3.12 Cartografia genética:

O mapeamento genético é o processo de identificação da localização física de um fator genético nos cromossomas, utilizando a recombinação e marcadores genéticos. Envolve a determinação de regiões no genoma que contêm os elementos genéticos de interesse, utilizando variantes genéticas conhecidas ou mutações fenotípicas como marcadores. O mapeamento genético pode ser feito através da análise de ligação ou de estudos de associação, dependendo do tipo de gene que está a ser estudado. O mapeamento genético é possível através do crossing over - uma ocorrência biológica regular durante a meiose (divisão celular que produz espermatozóides e óvulos). Os cromossomas alinham-se aos pares no centro de uma célula durante a primeira fase da meiose, onde frequentemente se "colam" uns aos outros e trocam fragmentos semelhantes de si próprios, também conhecido como crossing over.

O mapeamento genético permite determinar que gene está presente em cada cromossoma e onde está localizado dentro desse cromossoma específico. Com base na distância entre dois genes, o mapeamento também pode determinar qual o gene com maior probabilidade de sofrer recombinação. Os investigadores iniciam um mapa genético recolhendo amostras de sangue, saliva ou tecido de membros da família que são portadores de uma doença ou caraterística proeminente e de membros da família que não são. A amostra mais comum utilizada no mapeamento genético, especialmente em testes genómicos pessoais, é a saliva. Os cientistas isolam então o ADN das amostras e examinam-no de perto, procurando padrões únicos no ADN dos membros da família que são portadores da doença e no ADN dos que não são portadores da doença. Estes padrões moleculares únicos no ADN são designados por polimorfismos, ou marcadores. Os primeiros passos para a construção de um mapa genético são o desenvolvimento de marcadores genéticos e de uma população de mapeamento. Quanto mais próximos estiverem dois marcadores no cromossoma, maior é a probabilidade de serem transmitidos em conjunto para a geração seguinte. Por conseguinte, os padrões de "co-segregação" de todos os marcadores podem ser utilizados para reconstruir a sua ordem. Com isto em mente, os genótipos de cada marcador genético são registados para ambos os progenitores e para cada indivíduo nas gerações seguintes. A qualidade dos mapas genéticos depende em grande parte destes factores: o número de marcadores genéticos no mapa e a dimensão da população mapeada. Os dois factores estão interligados, uma vez que uma maior população de mapeamento pode aumentar a "resolução" do mapa e evitar que o mapa fique "saturado".

3.13 Análise de ligação:

A base da análise de ligação é a compreensão da localização cromossómica e a identificação de genes de doenças. Certos genes que estão geneticamente ligados ou associados entre si residem perto uns dos outros no mesmo cromossoma. Durante a meiose, estes genes são capazes de ser herdados em conjunto e podem ser utilizados como marcadores genéticos para ajudar a identificar o fenótipo das doenças. Uma vez que a análise de ligação pode identificar padrões de hereditariedade, estes estudos baseiam-se normalmente em famílias.

3.14 Análise de associação de genes:

A análise de associação genética baseia-se na população; não se centra em padrões de hereditariedade, mas sim em toda a história de uma população. A análise de associação de genes analisa uma determinada população e tenta identificar se a frequência de um alelo em indivíduos afectados é diferente da de um conjunto de controlo de indivíduos não afectados da mesma população. Este método é particularmente útil para identificar doenças complexas que não têm um padrão de hereditariedade mendeliano

3.15 Técnicas de cartografia genética:

Os eventos de recombinação são utilizados em técnicas de mapeamento genético para medir a distância entre marcadores genéticos.

- O Polimorfismo de Comprimento de Fragmento Aleatório, ou RFLP, mede as diferenças nas sequências de ADN homólogas para calcular a distância entre dois marcadores.
- Atualmente, as análises de mapeamento de genes que visam doenças de um único gene utilizam polimorfismos de repetições curtas em tandem (STRP).
- O SNP (Single Nucleotide Polymorphism) é utilizado na investigação genética de associação de todo o genoma e de análise de ligação. A análise de ligação é estudada utilizando a herança de caraterísticas e assinaturas genéticas como os SNP e os microssatélites.
- A Associação de Todo o Genoma (GWA) estuda as ligações entre caraterísticas e marcadores como SNPs e microssatélites, tratando a população como uma única

família. O método é utilizado para mapear as funções genéticas de doenças comuns.

3.16 Microarray:

O microarray é uma hibridação de uma amostra de ácido nucleico (alvo) com um conjunto muito grande de sondas de oligonucleótidos, que estão ligadas a um suporte sólido, para determinar a sequência ou detetar variações na sequência ou expressão de um gene ou para mapeamento de genes (MeSH). Surgiram várias tecnologias concorrentes para a implementação de sondas de microarray. A Affymetrix foi pioneira neste domínio ao utilizar oligonucleótidos sintetizados *in situ* como sondas e ao conceber microarrays *in silico*, evitando assim a necessidade de gerir bibliotecas de clones. A tecnologia de microarrays tem duas aplicações principais: análise da expressão genética e análise da variação genética.

O microarray é um laboratório multiplex numa pastilha (lab-on-a-chip). O seu objetivo é detetar simultaneamente a expressão de milhares de interações biológicas. Trata-se de uma matriz bidimensional num substrato sólido - geralmente uma lâmina de vidro ou uma célula de película fina de silício - que ensaia (testa) grandes quantidades de material biológico utilizando métodos de deteção e processamento miniaturizados, multiplexados e paralelos de rastreio de elevado rendimento. O conceito e a metodologia dos microarrays foram introduzidos e ilustrados pela primeira vez em microarrays de anticorpos (também designados por matriz de anticorpos) por Tse Wen Chang em 1983 numa publicação científica e numa série de patentes. O microarray de ADN (também vulgarmente conhecido por chip de ADN ou biochip) é um conjunto de manchas microscópicas de ADN fixadas a uma superfície sólida. Os cientistas utilizam os microarrays de ADN para medir os níveis de expressão de um grande número de genes em simultâneo ou para genotipar múltiplas regiões de um genoma. Cada ponto de ADN contém picomoles (10^{-12}moles) de uma sequência de ADN específica, conhecida como *sondas* (ou *repórteres* ou *oligos*). Estas podem ser uma secção curta de um gene ou outro elemento de ADN que é utilizado para hibridar uma amostra de cADN ou ARNc (também designado ARN anti-sentido) (designada por *alvo*) em condições de elevada rigidez. A hibridação sonda-alvo é normalmente detectada e quantificada pela deteção de alvos marcados com fluoróforos, prata ou quimioluminescência para determinar a abundância relativa de sequências de ácidos nucleicos no alvo.

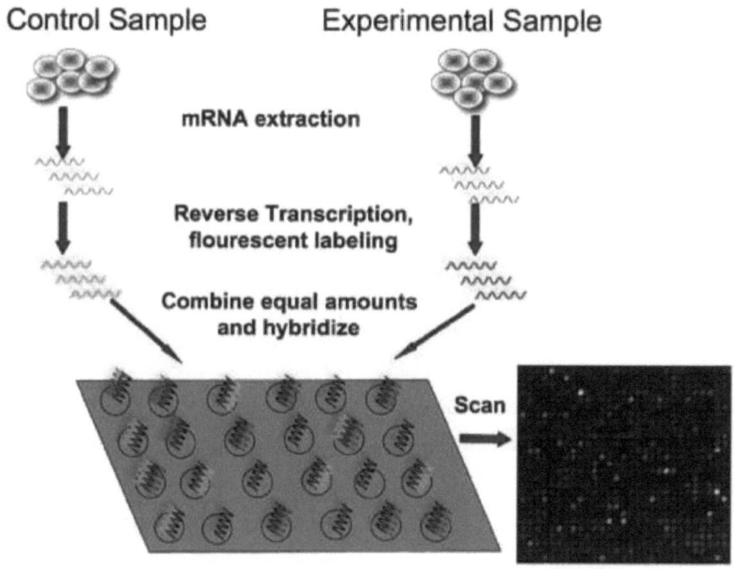

Figure 2: A typical DNA microarray co-hybridization (2 dye) experiment.

O processo de reação do microarray de ADN desenrola-se em várias etapas:

1. **Recolha de amostras** - uma amostra pode, neste caso, ser definida como a célula/tecido do organismo que se pretende estudar. São recolhidos dois tipos de amostras: células saudáveis e células infectadas, para comparação e obtenção dos resultados.
2. **Isolamento do ARNm** - O ARN é extraído da amostra utilizando uma coluna ou um solvente como o fenol-clorofórmio. A partir do ARN extraído, o ARNm é separado, deixando para trás o ARNr e o ARNt. Como o ARNm tem uma cauda poli-A, utilizam-se esferas de coluna com caudas poli-T para ligar o ARNm. Após a extração, a coluna é lavada com tampão para isolar o ARNm das esferas. O tampão perturba as ligações híbridas entre o ARNm e as esferas, alterando o pH.
3. **Criação de cDNA marcado** - para criar cDNA (cadeia de ADN complementar), efectua-se a transcrição reversa do ARNm. Ambas as amostras são depois incorporadas com diferentes corantes fluorescentes para produzir cadeias de cDNA fluorescentes. Isto ajuda a distinguir a categoria da amostra dos cDNAs.
4. **Hibridação** - os cDNAs marcados de ambas as amostras são colocados no microarray de ADN de modo a que cada cDNA seja hibridado com a sua cadeia

complementar; são também cuidadosamente lavados para remover sequências não ligadas.

Microarray de proteínas:

A tecnologia de microarranjos de proteínas (protein arrays ou protein biochips) é um processo de imobilização de numerosas proteínas num suporte sólido e de utilização de ensaios miniaturizados para descrever as interações proteicas que tem vindo a ser desenvolvido de forma constante nos últimos anos. Trata-se de uma metodologia poderosa, num formato de elevado rendimento, para analisar milhares de proteínas conhecidas numa única experiência. Os microarrays de proteínas são agora uma ferramenta indispensável para aplicações proteómicas, testes de diagnóstico clínico multiparamétricos e muitos outros domínios. O microarray de proteínas (ou chip de proteínas) é um método de elevado rendimento utilizado para rastrear as interações e actividades das proteínas e para determinar a sua função, bem como para determinar a função em grande escala. A sua principal vantagem reside no facto de um grande número de proteínas poder ser rastreado em paralelo. O chip é constituído por uma superfície de suporte, como uma lâmina de vidro, uma membrana de nitrocelulose, uma pérola ou uma placa de microtitulação, à qual está ligada uma série de proteínas de captura.

Plataformas de microarray de proteínas no Creative Biolabs:

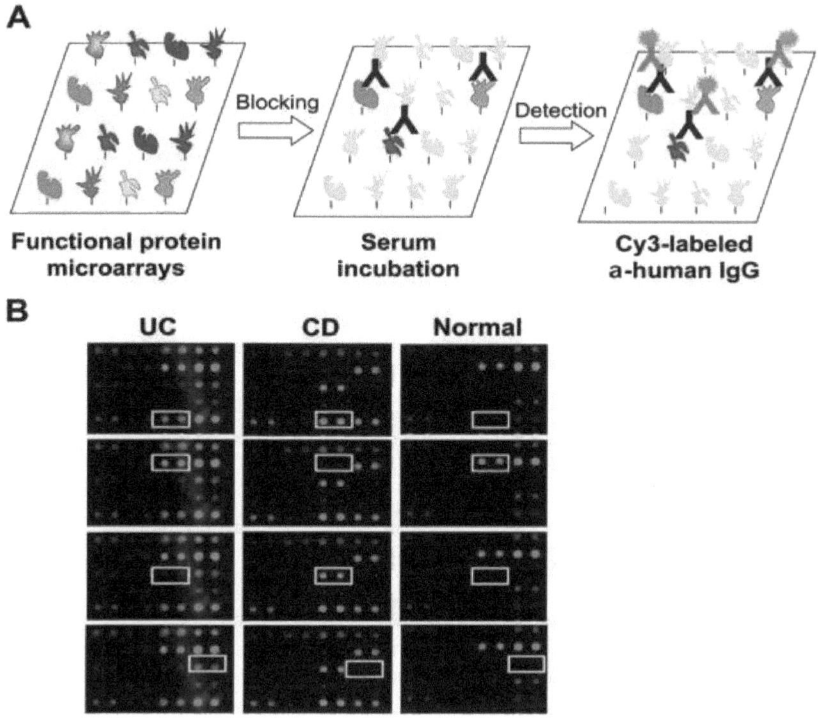

- Os microarranjos de proteínas são uma tecnologia emergente que tem sido vista como uma forma de ultrapassar as limitações dos microarranjos de ADN. Esta ferramenta é excelente para caraterizar centenas de milhares de proteínas de forma altamente paralela e com elevado rendimento. Na Creative Biolabs, fornecemos três categorias principais de microarrays de proteínas para ilustrar as suas aplicações na investigação básica e clínica. Cada matriz contém proteínas purificadas de qualidade superior, colocadas numa lâmina de vidro.
- **Microarranjos analíticos de proteínas** - São representados principalmente por microarranjos de anticorpos e podem ser utilizados para traçar o perfil de uma mistura complexa de proteínas, a fim de medir as afinidades de ligação, as especificidades e os níveis de expressão das proteínas. Nesta técnica, uma biblioteca de anticorpos ou aptâmeros é disposta numa lâmina de vidro e a proteína visada será detectada por marcação direta ou por um anticorpo repórter em formato de ensaio em sanduíche.
- **Microarrays funcionais de proteínas** - São construídos utilizando proteínas purificadas individualmente que envolvem proteínas funcionais de comprimento total

ou domínios proteicos. Esta classe de matriz permite o estudo das propriedades bioquímicas das proteínas, como as actividades de ligação (incluindo interações proteína-proteína, proteína-DNA, proteína-peptídeo, proteína-fármaco e proteína-lípido) e as relações enzima-substrato através de vários tipos de reacções bioquímicas.

- **Microarrays de proteínas de fase reversa (RPAs)** - Utilizam um formato de matriz oposto, imobilizando muitas amostras de lisado diferentes (tecido, lisados de células ou lisados de células fraccionadas) no mesmo chip. E podem ser testadas muitas sondas diferentes para identificar especificamente proteínas específicas nestas amostras de lisado. Os RPAs são frequentemente detectados com ensaios fluorescentes, quimioluminescentes ou colorimétricos, permitindo a determinação de modificações pós-traducionais para definir proteínas alteradas em resultado da doença.

4. Introdução à proteómica

A proteómica é o estudo em grande escala dos proteomas. Um proteoma é um conjunto de proteínas produzidas num organismo, sistema ou contexto biológico. Podemos referir-nos, por exemplo, ao proteoma de uma espécie (por exemplo, *Homo sapiens*) ou de um órgão (por exemplo, o fígado). O proteoma não é constante; difere de célula para célula e muda ao longo do tempo. Até certo ponto, o proteoma reflecte o transcriptoma subjacente. No entanto, a atividade proteica (frequentemente avaliada pela taxa de reação dos processos em que a proteína está envolvida) é também modulada por muitos factores para além do nível de expressão do gene relevante. O proteoma é o conjunto completo de proteínas produzidas ou modificadas por um organismo ou sistema. A proteómica permite a identificação de um número cada vez maior de proteínas. O proteoma é o conjunto de proteínas produzidas ou modificadas por um organismo ou sistema.

A proteómica é um domínio interdisciplinar que beneficiou muito da informação genética de vários projectos genómicos, incluindo o Projeto Genoma Humano. Abrange a exploração de proteomas a partir do nível global da composição, estrutura e atividade das proteínas, e é uma componente importante da genómica funcional. *A proteómica* designa geralmente a análise experimental em grande escala das proteínas e dos proteomas, mas refere-se muitas vezes especificamente à purificação de proteínas e à espetrometria de massa. De facto, a espetrometria de massa é o método mais poderoso para a análise de proteomas, tanto em grandes amostras compostas por milhões de células como em células individuais. Em proteómica, existem vários métodos para estudar as proteínas. Geralmente, as proteínas podem ser detectadas utilizando anticorpos (imunoensaios), separação por eletroforese ou espetrometria de massa. Se for analisada uma amostra biológica complexa, é necessário utilizar um anticorpo muito específico na análise quantitativa por "dot blot" (QDB), ou então utilizar uma separação bioquímica antes da fase de deteção, uma vez que existem demasiadas análises na amostra para efetuar uma deteção e quantificação precisas.

A proteómica utiliza várias tecnologias de elevado rendimento para investigar e analisar proteomas. Os procedimentos proteómicos consistem em várias etapas, incluindo a preparação de amostras, a separação de proteínas, a identificação de proteínas e a validação.

4.1 Preparação da amostra:

- A preparação de amostras é uma etapa crítica nas experiências de proteómica, que envolve a extração e purificação de proteínas de amostras biológicas para análise posterior.
- Geralmente, a extração de proteínas de uma mistura envolve uma combinação de métodos químicos e físicos.
- Os solventes orgânicos e os detergentes são normalmente utilizados na preparação de amostras para aumentar a solubilidade das proteínas e romper as membranas celulares para libertar proteínas intracelulares.

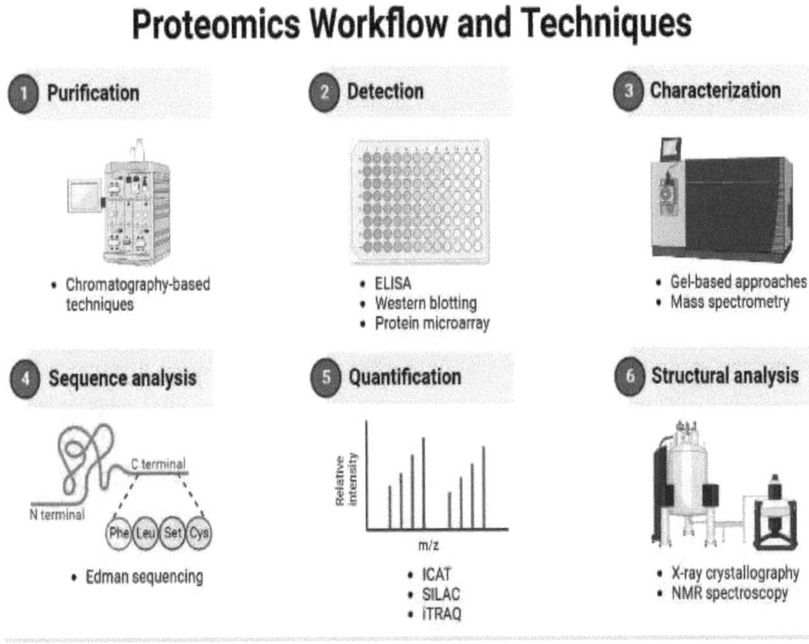

Proteomics Workflow and Techniques

4.2 Separação e isolamento de proteínas:

São principalmente utilizadas duas abordagens para a separação de proteínas: a baseada em gel e a baseada em cromatografia.

4.3 Abordagem baseada em gel

1-DE

- A eletroforese em gel unidimensional (1-DE), também conhecida como SDS-PAGE (eletroforese em gel de poliacrilamida com dodecil sulfato de sódio), é um método comummente utilizado para separar proteínas com base no seu peso molecular.
- O SDS é um detergente utilizado para desnaturar as proteínas e conferir-lhes uma carga negativa uniforme proporcional à sua massa. Esta carga negativa uniforme. Identificação e caraterização de proteínas.

Espectrometria de massa

- A espetrometria de massa (MS) é uma ferramenta poderosa que permite sequenciar rapidamente as proteínas e determinar os seus pesos moleculares.
- Funciona através da ionização de moléculas de proteínas e, em seguida, calcula a sua massa com base em rácios massa/carga.
- Dois métodos utilizados para ionização em MS são ESI (ionização por electrospray) e MALDI (ionização por dessorção laser assistida por matriz).

4.4 Estratégias de análise do proteoma:

A análise proteómica (proteómica) refere-se à identificação e quantificação sistemáticas do conjunto completo de proteínas (o proteoma) de um sistema biológico (célula, tecido, órgão, fluido biológico ou organismo) num determinado momento. A espetrometria de massa é a técnica mais frequentemente utilizada para a análise proteómica. A eletroforese **2-D** começa com a eletroforese na primeira dimensão e depois separa as moléculas perpendicularmente à primeira para criar um electroferograma na segunda dimensão. Na eletroforese na primeira dimensão, as moléculas são separadas linearmente de acordo com o seu ponto elétrico. Na segunda dimensão, as moléculas são então separadas a 90 graus do primeiro electroferograma, de acordo com a massa molecular. Uma vez que é improvável que duas moléculas sejam semelhantes em duas propriedades distintas, as moléculas são mais eficazmente separadas na eletroforese 2-D do que na eletroforese 1-D.

As duas dimensões em que as proteínas são separadas utilizando esta técnica podem ser o ponto isoelétrico, a massa do complexo proteico no estado nativo ou a massa proteica.

- A separação por ponto isoelétrico é designada por focalização isoeléctrica. Assim, aplica-se um gradiente de pH a um gel e aplica-se um potencial elétrico através do gel, tornando uma extremidade mais positiva do que a outra. Em todos os valores de pH diferentes do seu ponto isoelétrico, as proteínas estarão carregadas. Se estiverem carregadas positivamente, serão puxadas para a extremidade mais negativa do gel e se estiverem carregadas negativamente, serão puxadas para a extremidade mais positiva do gel. As proteínas aplicadas na primeira dimensão deslocar-se-ão ao longo do gel e acumular-se-ão no seu ponto isoelétrico, ou seja, no ponto em que a carga total da proteína é 0 (uma carga neutra).

- A separação por massa do complexo proteico é efectuada através de PAGE nativo, em que as proteínas permanecem no seu estado nativo e são separadas no campo elétrico de acordo com a sua massa e a massa dos seus complexos, respetivamente. Para obter uma separação por tamanho e não por carga líquida, como na IEF, é transferida uma carga adicional para as proteínas através da utilização de azul brilhante de Coomassie ou dodecil sulfato de lítio. O conhecimento dos complexos proteicos é importante para a análise do funcionamento das proteínas numa célula, uma vez que as proteínas actuam principalmente em conjunto em complexos para serem totalmente funcionais. A análise desta organização sub organelar da célula requer técnicas que conservem o estado nativo dos complexos proteicos.
- A separação apenas por massa é normalmente conseguida utilizando SDS-PAGE. O SDS desnatura as proteínas, separa a maioria dos complexos e iguala aproximadamente os rácios massa/carga. A SDS deve ser efectuada como segunda dimensão perpendicular, uma vez que separa os complexos (impossibilitando a PAGE nativa) e iguala as relações massa/carga (impossibilitando a IEF).

4.5 Espectroscopia de massa:

A espetrometria de massa (MS) é uma técnica analítica utilizada para medir a relação massa/carga dos iões. Os resultados são apresentados sob a forma de um *espetro de massa*, um gráfico da intensidade em função do rácio massa/carga. A espetrometria de massa é utilizada em muitos domínios diferentes e é aplicada a amostras puras, bem como a misturas complexas.

Um espetro de massa é um tipo de gráfico do sinal iónico em função da relação massa/carga. Estes espectros são utilizados para determinar a assinatura elementar ou isotópica de uma amostra, as massas das partículas e das moléculas, e para elucidar a identidade química ou a estrutura das moléculas e de outros compostos químicos. Num procedimento típico de EM, uma amostra, que pode ser sólida, líquida ou gasosa, é ionizada, por exemplo, bombardeando-a com um feixe de electrões. Isto pode fazer com que algumas das moléculas da amostra se dividam em fragmentos com carga positiva ou simplesmente fiquem com carga positiva sem se fragmentarem. Estes iões (fragmentos) são então separados de acordo com a sua relação massa/carga, por exemplo, acelerando-os e submetendo-os a um campo elétrico ou magnético: iões com a mesma relação massa/carga sofrerão a mesma quantidade de deflexão. Os resultados são apresentados sob a forma de espectros da intensidade do sinal dos iões detectados em função da razão massa/carga. Os átomos ou moléculas da amostra podem ser identificados através da correlação de massas conhecidas (por exemplo, uma molécula inteira) com as massas identificadas ou através de um padrão de fragmentação caraterístico.

Um espetrómetro de massa é constituído por três componentes: uma fonte de iões, um analisador de massa e um detetor. O *ionizador* converte uma parte da amostra em iões. Existe uma grande variedade de técnicas de ionização, dependendo da fase (sólida, líquida, gasosa) da amostra e da eficiência dos vários mecanismos de ionização para as espécies desconhecidas. Um sistema de extração remove os iões da amostra, que são depois direcionados para o analisador de massa e para o *detetor*. As diferenças de massa dos fragmentos permitem que o analisador de massa classifique os iões pelo seu rácio massa/carga. O detetor mede o valor de uma quantidade indicadora e, assim, fornece dados para calcular as abundâncias de cada ião presente. Alguns detectores fornecem também informação espacial, por exemplo, uma placa multicanal.

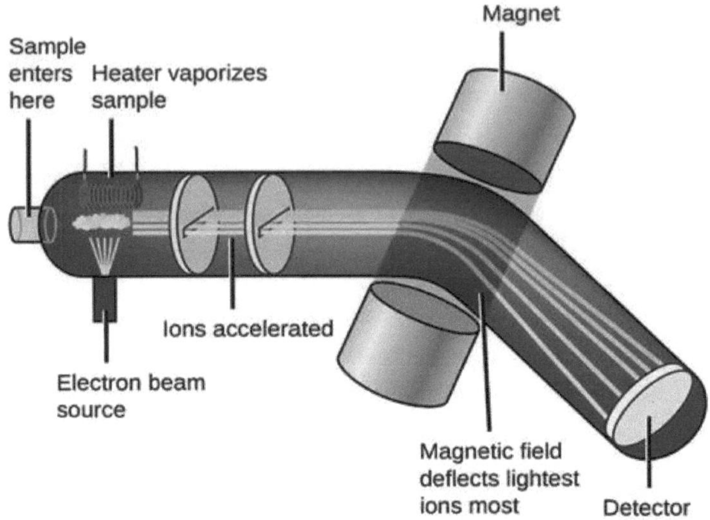

Schematic of mass spectrometer

4.6 Instrumentação para espetrometria de massa:

As quatro partes principais da espetrometria de massa são discutidas a seguir:

1. **Ionizador -** O bombardeamento da amostra é feito pelos electrões. Estes electrões deslocam-se entre o cátodo e o ânodo. Quando a amostra passa através do fluxo de electrões entre o cátodo e o ânodo, os electrões de alta energia expulsam os electrões da amostra e formam iões.
2. **Acelerador -** Os iões colocados entre um conjunto de placas paralelas carregadas são atraídos para uma placa e repelem-se da outra placa. A velocidade de aceleração pode ser controlada ajustando a carga das placas.
3. **Deflector -** O campo magnético desvia os iões com base na sua carga e massa. Se um ião for pesado ou tiver duas ou mais cargas positivas, é menos deflectido. Se um ião for leve ou tiver uma carga positiva, é o mais deflectido.
4. **Detetor -** Os iões com carga e massa corretas deslocam-se para o detetor. A relação entre a massa e a carga é analisada através do ião que atinge o detetor.

4.7 Método de sequência de proteínas: (Degradação de Edman)

A sequência de aminoácidos de uma proteína ou de um péptido pode ser identificada através da degradação de Edman, desenvolvida por Pehr Edman. Este método pode marcar e clivar o péptido a partir do terminal N sem romper as ligações peptídicas entre outros resíduos de aminoácidos. A reação de degradação de Edman foi automatizada em 1967 por Edman e Beggs. Atualmente, a degradação automatizada de Edman (o sequenciador de proteínas) é amplamente utilizada e pode sequenciar péptidos até 50 aminoácidos.

Degradação cíclica dos péptidos baseada na reação do fenilisotiocianato com o grupo amino livre do resíduo N-terminal, de modo a que os aminoácidos sejam removidos um de cada vez e identificados como os seus derivados feniltiohidantoínicos. No que diz respeito ao processo específico, um péptido não carregado é reagido com fenilisotiocianato (PITC) no terminal amino em condições ligeiramente alcalinas para dar um derivado feniltiocarbamoílico (péptido PTC). Em seguida, em condições ácidas, o enxofre tiocarbonílico do derivado ataca o carbono carbonílico do aminoácido N-terminal. O primeiro aminoácido é clivado como derivado de anilinotiazolinona (ATZ-aminoácido) e o resto do péptido pode ser isolado e submetido ao ciclo de degradação seguinte. Uma vez formado, este derivado de tiazolona é mais estável do que o derivado de feniltiocarbamilo. O aminoácido ATZ é então removido por extração com acerato de etilo e convertido num derivado de feniltio-hidantoína (PTH-aminoácido). A cromatografia pode ser utilizada para identificar o resíduo de PTH gerado por cada ciclo.

Com o desenvolvimento da espetrometria de massa, a utilização da sequenciação por degradação de Edman começou a diminuir. No entanto, continua a ser o método para vários tipos de aplicações de análise estrutural de proteínas. Pode ser utilizada para verificar o limite N-terminal de proteínas recombinantes ou para determinar o N-terminal de domínios resistentes a proteases, em especial quando a proteína ou domínio é >40 a 80 kDa ou não pode ser facilmente purificado. Pode também ser utilizado para identificar o novo N-terminal e o local de clivagem proteolítica nos fragmentos de proteínas. Além disso, no que diz respeito a algumas proteínas e péptidos novos em que as bases de dados de sequências não estão disponíveis para pesquisa na base de dados MS/MS, a degradação de Edman pode ser utilizada para análise.

N-terminal sequencing cycle:

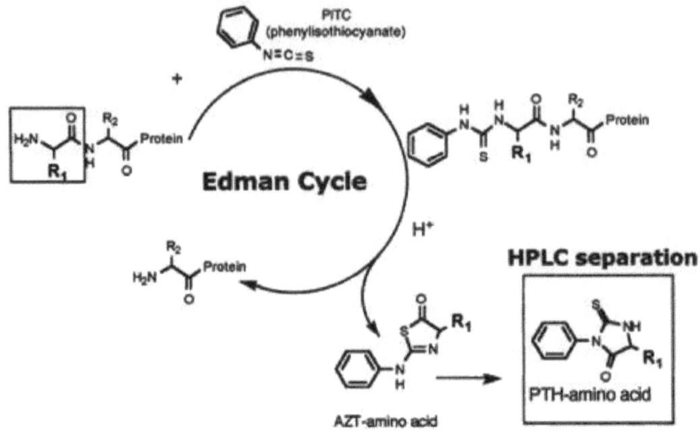

O aminoácido N-terminal da proteína pode ser clivado. Assim, no processo, o primeiro ciclo identifica o aminoácido N-terminal exato. Além disso, como os aminoácidos libertados são identificados e quantificados por cromatografia, os aminoácidos com peso molecular idêntico podem ser identificados. Por exemplo, a isoleucina e a leucina têm uma massa de 113 Da, mas têm tempos de retenção diferentes. Além disso, a sequenciação Edman pode ser efectuada em blots de PVDF a partir de géis 1D e 2D, o que permite a sequenciação N-terminal de proteínas na mistura. No entanto, a sequenciação da degradação de Edman não estará disponível quando o péptido cujo N-terminal tiver sido modificado quimicamente, como a acetilação. E como o PITC não pode reagir com não-α-aminoácidos, a sequenciação será interrompida se for encontrado um não-α-aminoácido, como o ácido isoaspártico. Além disso, as proteínas maiores não podem ser sequenciadas pela sequenciação Edman.

4.8 Procedimentos analíticos:

Em 1967, Edman desenvolveu um dispositivo de processamento automático para a degradação de Edman numa fase líquida. Na década de 1980, o primeiro sequenciador de proteínas em fase gasosa japonês PSQ-1 foi desenvolvido para efetuar automaticamente a degradação de Edman na fase gasosa e analisar aminoácidos através de eluição isocrática com cromatografia líquida de alta velocidade (HPLC)[3) . Posteriormente, a série PPSQ (sequenciador de proteínas) evoluiu através do desenvolvimento da unidade de análise e do software de processamento de dados.

4.9 MALDI TOF/TOF:

MALDI

A MALDI é uma ionização suave que envolve um laser que atinge uma matriz de pequenas moléculas para fazer com que as moléculas do analito passem para a fase gasosa sem as fragmentar ou decompor. Algumas biomoléculas são demasiado grandes e podem decompor-se quando aquecidas e as técnicas tradicionais fragmentam ou destroem as macromoléculas. O MALDI é adequado para analisar biomoléculas como péptidos, lípidos, sacarina ou outras macromoléculas orgânicas.

A espetrometria de massa MALDI-TOF pode também ser utilizada para analisar os péptidos obtidos para posterior confirmação da sequência primária por impressão digital da massa do péptido. A espetrometria de massa MALDI-TOF tem um funcionamento simples, uma boa precisão de massa, bem como uma elevada resolução e sensibilidade.

Determinação da massa intacta:

A determinação da massa intacta é básica e importante para a caraterização de proteínas, uma vez que o peso molecular correto de uma proteína pode indicar a sua estrutura intacta. O MALDI, uma técnica de ionização suave, é adequado para proteínas que tendem a ser frágeis e a fragmentar-se quando ionizadas por outros métodos de ionização. O desempenho do MALDI-TOF MS é menos afetado pelos componentes do tampão, detergentes e contaminantes. Além disso, permite a determinação da massa de proteínas intactas com precisão suficiente ($\leq$ 500 ppm) para a validação da sequência. Após a digestão da proteína, o MALDI-TOF MS pode também ser utilizado para analisar os péptidos obtidos para confirmação adicional da sequência primária por impressão digital da massa do péptido.

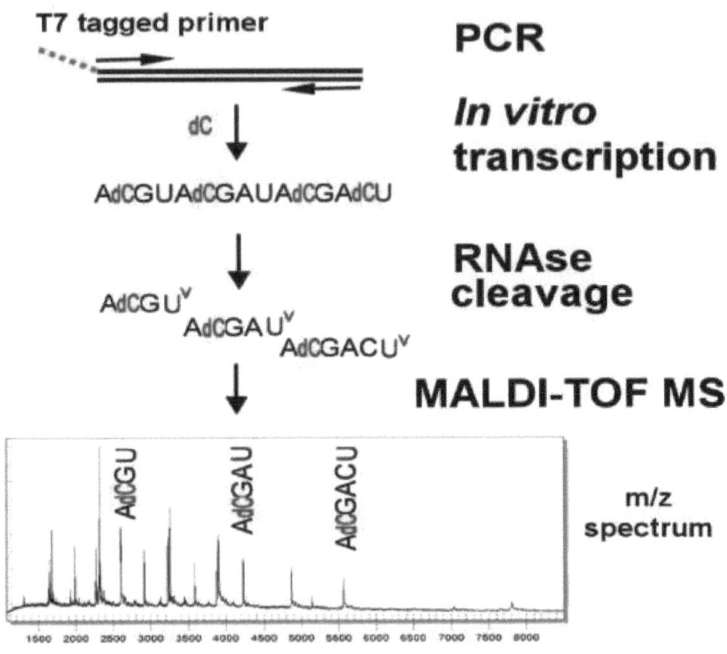

DNA Sequencing by means of MALDI-TOF Mass Spectrometry

4.10 Analisador TOF de revestimento e analisador TOF de refletor:

Teoricamente, todos os iões recebem a mesma energia cinética inicial, de modo a que, depois de se deslocarem ao longo da região livre de campo, os iões com o mesmo m/z atinjam o detetor no momento. No entanto, na prática, o impulso não é sentido por todos os iões com a mesma intensidade, pelo que nem todos os iões com os mesmos valores m/z atingem as suas velocidades ideais. Para corrigir este problema, é frequentemente aplicada uma reflexão no final da zona de deriva. A reflexão consiste numa série de eléctrodos em anel com alta tensão, que podem repelir os iões de volta ao longo do tubo de voo, normalmente num ângulo ligeiramente deslocado. Os iões de diferentes energias cinéticas penetram no refletor a diferentes profundidades antes de serem expulsos do refletor na direção oposta. Os iões mais rápidos, com mais energia cinética, percorrem um caminho mais longo do que os mais lentos, passando assim mais tempo no refletor do que os iões mais lentos, com menos energia. Desta forma, o detetor recebe iões da mesma massa aproximadamente ao mesmo tempo. Deste modo, esta conceção do analisador de massa TOF aumentou significativamente a sua resolução. No entanto, o analisador TOF reflectrão não é adequado para analitos que não sejam suficientemente estáveis para sobreviver ao campo elétrico.

4.11 O processo de espetrometria de massa MALDI-TOF

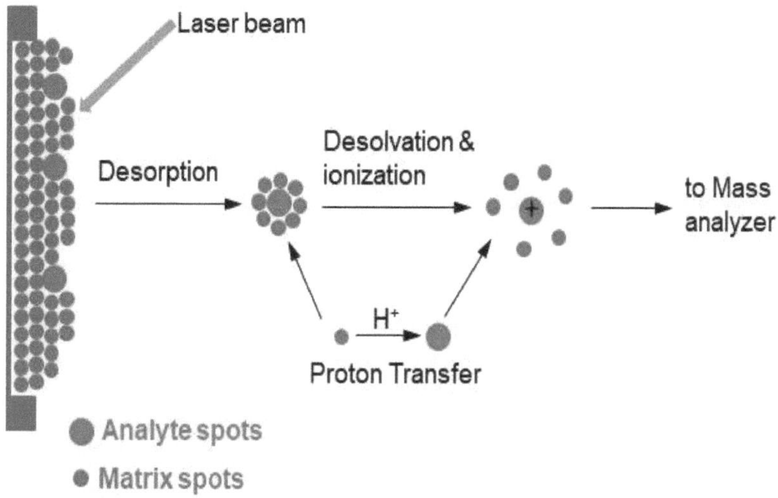

Figure 1. Ionization of analytes by MALDI

A análise deve ser solúvel a pelo menos cerca de 0,1 mg/ml nalgum solvente. A matriz é dissolvida de modo a obter uma solução saturada ou uma concentração de cerca de 10 mg/ml. A solução da substância a analisar é então misturada com a da matriz. Para obter espectros MALDI optimizados, a razão molar entre a matriz e a substância a analisar é normalmente ajustada de modo a situar-se no intervalo de 1000: 1 a 100 000: 1. Em seguida, a mistura é colocada numa placa metálica alvo para análise. Após secagem, a mistura da amostra e da matriz co-cristaliza e forma um depósito sólido de amostra incorporado na matriz. A placa é subsequentemente carregada no instrumento MALDI-TOF e analisada por software associado ao respetivo sistema. O MALDI leva à sublimação e ionização tanto da amostra como da matriz. Estes iões gerados são separados em função do m/z através de um analisador TOF e é gerada uma representação espetral destes iões, que é analisada pelo software MS, gerando um perfil MS.

4.12 Análise MALDI-TOF após decaimento na fonte (PSD):

Os espectrómetros de massa MALDI-TOF equipados com reflexões podem analisar iões de fragmentos produzidos a partir de iões precursores que se decompõem espontaneamente no voo. Estes iões são geralmente designados por iões detestáveis e o processo de decomposição na região livre de campo entre a fonte de iões e o refletor é geralmente designado por PSD. Os iões de fragmentos PSD são formados na região livre de campo antes de entrarem no refletor. Os iões de fragmentos PSD podem ser separados, recolhidos e registados no detetor através da alteração contínua da tensão do refletor para formar um espetro de massa PSD que fornece informações estruturais muito ricas e eficazes para a estrutura primária de péptidos e proteínas. No estudo proteómico, algumas amostras de proteínas separadas por 2DE não podem ser identificadas por PMF ou os resultados da identificação não são claros. A função de sequenciação PSD pode ser aplicada à identificação destas proteínas. Utilizando a espetroscopia PSD, combinada com uma pesquisa na base de dados, as proteínas podem ser identificadas rapidamente e com elevada especificidade.

4.13 Estrutura das proteínas e formação de oligómeros:

As proteínas oligoméricas, por definição, são compostas por mais do que uma subunidade (cadeia polipeptídica). Como tal, possuem uma estrutura quaternária, geralmente considerada como o nível mais elevado de organização na hierarquia estrutural das proteínas. Um oligómero é constituído por unidades repetidas e o número destas unidades ou monómeros é finito. Os dímeros (dois monómeros), os trímeros (três monómeros), os tetrâmeros (três monómeros), os pentâmeros, os hexâmeros e os heptâmeros são exemplos de oligómeros. O conceito de oligómero é contrastado com o de polímero, que é normalmente entendido como tendo um grande número de unidades, possivelmente milhares ou milhões. No entanto, não existe uma distinção clara entre estes dois conceitos. Um critério proposto é se as propriedades da molécula variam significativamente com a remoção de uma ou algumas das unidades.

As unidades de um oligómero podem estar ligadas por ligações covalentes, que podem resultar de um rearranjo de ligações ou de reacções de condensação, ou por forças mais fracas, como as ligações de hidrogénio. O termo **multímero** é utilizado em bioquímica para os oligómeros de proteínas que não estão ligados covalentemente. A principal proteína do capsídeo, a VP1, que constitui o invólucro dos poliomavírus, é um multímero que se auto-monta e é constituído por 72 pentâmeros mantidos juntos por cargas eléctricas locais. Muitos óleos são oligoméricos, como a parafina líquida. Os plastificantes são ésteres oligoméricos amplamente utilizados para amolecer termoplásticos como o PVC. Podem ser produzidos a partir de monómeros, ligando-os entre si, ou por separação das fracções superiores do petróleo bruto. O polibuteno é um óleo oligomérico utilizado para fazer massa de vidraceiro.

4.14 Solubilidade e interação das proteínas:

A solubilidade das proteínas é um parâmetro termodinâmico definido como a concentração de proteínas numa solução saturada que está em equilíbrio com uma fase sólida, cristalina ou amorfa, num determinado conjunto de condições. A solubilidade das proteínas é afetada pelas interações proteína-proteína nativas (corretamente dobradas). As proteínas parcialmente desnaturadas e, especialmente, as proteínas totalmente desnaturadas com maior hidrofobicidade, apresentam uma solubilidade muito mais reduzida em comparação com a forma nativa. A solubilidade das proteínas é um parâmetro termodinâmico definido como a concentração de proteínas numa solução saturada que está em equilíbrio com uma fase sólida, cristalina ou amorfa, num determinado conjunto de condições. As interações entre proteínas são fundamentalmente caracterizadas como estáveis ou transitórias, e ambos os tipos de interações podem ser fortes ou fracas. As interações estáveis são as associadas a proteínas que são purificadas como complexos de várias subunidades, e as subunidades destes complexos podem ser idênticas ou diferentes. A hemoglobina e o núcleo da ARN polimerase são exemplos de interações multi-subunitárias que formam complexos estáveis. Espera-se que as interações transitórias controlem a maioria dos processos celulares. Tal como o nome indica, as interações transitórias são temporárias por natureza e, normalmente, requerem um conjunto de condições que promovam a interação, como a fosforilação, alterações conformacionais ou a localização em áreas discretas da célula. As interações transitórias podem ser fortes ou fracas, e rápidas ou lentas. Enquanto estão em contacto com os seus parceiros de ligação, as proteínas que interagem transitoriamente estão envolvidas numa vasta gama de processos celulares, incluindo a modificação de proteínas, o transporte, a dobragem, a sinalização, a apoptose e o ciclo celular. O exemplo seguinte ilustra as interações entre proteínas que regulam os processos apoptóticos e anti-apoptóticos.

4.15 Solventes e solutos proteicos:

O solvente é uma substância que dissolve um soluto, resultando numa solução. Um solvente é geralmente um líquido, mas também pode ser um sólido, um gás ou um fluido supercrítico. A água é um solvente para moléculas polares e o solvente mais comum utilizado pelos seres vivos; todos os iões e proteínas de uma célula estão dissolvidos em água no interior da célula. As principais utilizações dos solventes são as tintas, os removedores de tinta, as tintas de impressão e a limpeza a seco. Os solventes orgânicos são utilizados especificamente na limpeza a seco (por exemplo, tetracloroetileno); como diluentes de tinta (tolueno, terebintina); como removedores de verniz das unhas e solventes de cola (acetona, acetato de metilo, acetato de etilo); em removedores de manchas (hexano, éter de petróleo); em detergentes (terpenos cítricos); e em perfumes (etanol). Os solventes têm várias aplicações nas indústrias química, farmacêutica, petrolífera e do gás, incluindo nos processos de síntese química e de purificação. Quando uma substância é dissolvida noutra, forma-se uma solução. Isto é o oposto da situação em que os compostos são insolúveis, como a areia na água.

Numa solução, todos os ingredientes estão uniformemente distribuídos a nível molecular e não fica qualquer resíduo. Uma mistura solvente-soluto consiste numa fase única com todas as moléculas de soluto a ocorrerem como *solvatos* (complexos solvente-soluto), por oposição a fases contínuas separadas, como acontece nas suspensões, emulsões e outros tipos de misturas sem solução. A capacidade de um composto ser dissolvido noutro é conhecida como solubilidade; se isto ocorrer em todas as proporções, chama-se miscível. Os solventes podem ser classificados em duas categorias: *polares* e *não polares*. Um caso especial é o mercúrio elementar, cujas soluções são conhecidas como amálgamas; também existem outras soluções de metais que são líquidas à temperatura ambiente. Geralmente, a constante dieléctrica do solvente fornece uma medida aproximada da polaridade de um solvente. A forte polaridade da água é indicada pela sua elevada constante dieléctrica de 88 (a 0 °C). Os solventes com uma constante dieléctrica inferior a 15 são geralmente considerados não polares. Uma dispersão ou solução proteica é tida em consideração para criar revestimentos e películas, e o solvente que é tido em consideração para desempenhar este papel é geralmente limitado a combinações de etanol e água, ou simplesmente água ou etanol. O acetonitrilo é um solvente de fase móvel preferido que pode dissolver a maioria das proteínas com bom desempenho.

4.16 Seguir estes 5 passos para obter condições óptimas de preparação de proteínas:

1. Etapa 1Extracção de proteínas.
2. Passo 2Preservação das proteínas.
3. Passo 3Limpeza das proteínas.
4. Passo 4Quantificação das proteínas.

5. Etapa 5Detecção de proteínas.

A solução Protein Standard (1 mg/ml) contém albumina de soro bovino (BSA), uma vez que é a proteína de referência universalmente aceite para a quantificação de proteínas totais durante os ensaios de ácido bicinconínico (BCA), Bradford, Folin? Lowry e outros ensaios de proteínas. Uma solução alcalina de proteína é tratada com uma gota de sulfato de cobre aquoso e obtém-se uma cor violeta azulada. Nota: A formação de coloração violeta confirma a presença de proteínas. As proteínas, quando tratadas com ácido nítrico, apresentam uma coloração amarela ou laranja. O ácido nítrico concentrado é utilizado para a nitração. As soluções proteicas contêm normalmente tampão e sal, bem como moléculas de proteína e água. O ponto importante é que o terceiro componente causa o aumento da viscosidade da solução pelo efeito de exclusão de volume.

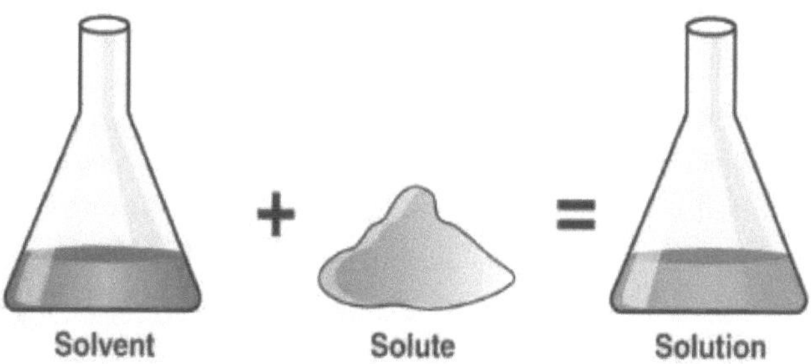

A parte de uma solução que está presente em maior quantidade é chamada de solvente. É o líquido em que o soluto está dissolvido. Um solvente é normalmente um líquido. A palavra "solvente" deriva da palavra latina solv, que significa "soltar ou desatar". De acordo com informações gerais na Internet e descrições dadas em alguns livros, a água é o solvente mais poderoso entre outros. É também conhecida como o "solvente universal" porque consegue dissolver quase todos os materiais melhor do que qualquer outro líquido. Além disso, devido à sua polaridade, a água é um excelente solvente.

4.17 Atividade da proteína:

Uma função crítica das proteínas é a sua atividade como enzimas que são necessárias para catalisar quase todas as reacções biológicas. A regulação da atividade enzimática desempenha assim um papel fundamental na regulação do comportamento celular. A atividade biológica das proteínas é a incorporação de várias funções proteicas. Ou pode entender-se o conceito de que só uma proteína tem atividade, pode desempenhar a sua função. Uma proteína com atividade biológica é chamada de proteína ativa, ou seja, uma proteína ativa tem atividade biológica. Teoricamente, as proteínas nativas são todas proteínas activas, enquanto as proteínas recombinantes nem sempre são proteínas activas porque a produção de proteínas recombinantes é um processo complexo em que muitos factores são cruciais para a sua bioatividade, tais como um sistema de expressão ideal, um vetor de expressão adequado, purificação, etc. A atividade da proteína S é um teste que permite avaliar o risco de formação de coágulos sanguíneos. Os coágulos sanguíneos que se formam nas veias são perigosos. A proteína S é uma substância que controla o mecanismo de coagulação do sangue e impede a formação descontrolada de coágulos. Níveis e atividade elevados ocorrem em algumas situações, incluindo na idade avançada, mas não causam problemas de saúde. Uma atividade reduzida coloca-o em risco de coágulos sanguíneos e perigos relacionados.

4.18 Teste de atividade da proteína S:

O papel da proteína S em manter a coagulação sob controlo é bem conhecido, mas a sua medição não é simples. Existe no sangue sob duas formas: livre e ligada a outras proteínas. A medição da quantidade absoluta de proteína S não fornece informações fiáveis sobre o risco de TEV. A atividade da proteína S é também uma medida da sua deficiência. A medição da atividade da proteína S pode detetar quase todos os tipos de deficiências. O teste de atividade da proteína S mede a atividade desta substância no sangue para prevenir a coagulação.

4.19 Atividade da proteína S elevada:

A atividade elevada da proteína S encontra-se em várias pessoas. As pessoas mais velhas têm frequentemente níveis elevados. Mas isto não parece causar qualquer doença. Pensa-se que a proteína S actua como um cofator (auxiliar) do inibidor da via do fator tecidular (TFPI) e de outros factores que controlam a coagulação. A proteína S por si só não impede a formação de coágulos. Níveis elevados desta substância não causam hemorragias.

4.20 Atividade da proteína S Intervalo normal

Os valores normais da proteína S variam um pouco consoante os laboratórios. Cada laboratório estabelece o seu intervalo de valores normais e menciona-o no relatório enviado ao seu médico. Em geral, os valores normais são de 60% a 150% da inibição da coagulação.

5. Proteómica aplicada

A proteómica é o estudo de todas as proteínas contidas num organismo ou noutra entidade biológica (o proteoma). Ao compreender a composição e a interação entre todas estas importantes macromoléculas de uma só vez, os cientistas podem obter conhecimentos muito para além dos obtidos através do estudo de proteínas individuais.

5.1 Bases de dados e motores de pesquisa em proteómica:

A pesquisa em bases de dados desempenha um papel importante na análise proteómica porque pode ser utilizada para traduzir milhares de espectros MS/MS em identificações de proteínas (ID). Foram desenvolvidos muitos motores de pesquisa de bases de dados para analisar rapidamente e com precisão grandes volumes de dados proteómicos. A base de dados proteómica é um recurso multi-ómico e multi-organismo para a investigação no domínio das ciências da vida. Abrange, por exemplo, dados proteómicos, transcriptómicos e fenómicos relativos, por exemplo, ao homem, ao rato, à arabidopsis e ao arroz. Alguns dos motores de pesquisa mais conhecidos são o mascot,[3] sequest,[4] peaks db,[5] proteinpilot,[6] pfind,[7,8] andromeda,[9] omssa,[10] e x! Tandem. No entanto, a taxa de identificação dos espectros ms/ms é ainda baixa (por exemplo, na maioria das pesquisas, apenas 10-30% dos espectros podem ser identificados). A estratégia de pesquisa aberta permite grandes diferenças de massa entre sequências peptídicas não modificadas e precursores observados experimentalmente, possibilitando a descoberta de modificações pós-traducionais (PTMs) diretamente a partir dos dados, sem necessidade de as especificar na análise. Um motor de pesquisa de fonte aberta é uma plataforma de pesquisa em que o código de software subjacente está livremente disponível para ser inspeccionado, modificado e melhorado por qualquer pessoa. Estes motores de pesquisa são concebidos com ênfase na transparência e no desenvolvimento orientado para a comunidade, incorporando o ethos do que o termo "open source" representa.

1. <u>2D-PAGE -- Sistema de base de dados de proteomas para investigação microbiana e de outros organismos modelo</u>

   Recuperar informações descritivas sobre as proteínas bacterianas e de outros organismos modelo identificadas em mapas 2-D PAGE.

2. <u>BRIGEP x97 o navegador do genomax96transcriptomex96proteoma baseado em BRIDGE</u>

   Processar e analisar dados do genoma bacteriano, do transcriptoma e do proteoma.

3. Centro de Recursos Proteómicos de Biodefesa

Descobrir candidatos para a próxima geração de vacinas, terapêuticas e diagnósticos contra os agentes patogénicos prioritários das categorias A, B e C do NIAID.

4.DAnTE -- Extensão da ferramenta de análise de dados

Um instrumento estatístico para a análise quantitativa de dados -ómicos.

5. DynaProt 2D -- uma base de dados proteómica avançada para acesso dinâmico em linha a proteomas e géis de eletroforese bidimensionais

Procurar informações sobre proteomas e géis bidimensionais (2D).

6.Dynamic Proteomics -- Base de dados de localização de proteínas

Seguimento dos níveis e localizações de uma proteína humana nas células ao longo do tempo, utilizando uma biblioteca de clones de células repórteres anotadas.

7. Coleção de ferramentas do proteoma EXPASY

Utilizar uma coleção de ferramentas para análise de proteínas.

8.EcoProDB -- a base de dados de proteínas de Escherichia coli

Uma base de dados baseada na Web para proteómica comparativa de Escherichia coli.

9.Entrez Proteína

Recuperar informações sobre proteínas a partir de uma variedade de fontes, incluindo SwissProt, PIR, PRF, PDB e traduções de regiões de codificação anotadas no GenBank e RefSeq.

10.GDAP -- Uma ferramenta Web para a previsão de ligações dissulfureto de proteínas ao nível do genoma

Prever ligações dissulfureto de proteínas em sequências de proteínas.

11.GELBANK -- Uma base de dados de padrões anotados de eletroforese em gel bidimensional de sistemas biológicos com genomas completos

Pesquisa de padrões de gel de eletroforese bidimensional em gel (2DE) de proteomas de organismos com informação genómica conhecida.

5.2 Modificação pós-traducional de proteínas:

5.2.1 Introdução

A modificação pós-traducional (PTM) das proteínas refere-se às alterações químicas que ocorrem depois de uma proteína ter sido produzida. Podem afetar a estrutura, a electrofilicidade e as interações das proteínas. A ubiquitinação é uma classe de modificações pós-transcricionais versáteis das proteínas, durante as quais uma ou várias pequenas proteínas de 76 aminoácidos, denominadas ubiquitina, são ligadas covalentemente aos resíduos de lisina relevantes de uma proteína-alvo pela ação concertada de três tipos de enzimas catalíticas: E1 (a enzima activadora da ubiquitina). As modificações pós-traducionais das proteínas (PTM) aumentam a diversidade funcional do proteoma através da adição covalente de grupos funcionais ou de proteínas, da clivagem proteolítica de subunidades reguladoras ou da degradação de proteínas inteiras. Estas modificações incluem a fosforilação, a glicosilação, a ubiquitinação, a nitrosilação, a metilação, a acetilação, a lipidação e a proteólise e influenciam quase todos os aspectos da biologia celular normal e da patogénese. Por conseguinte, a identificação e compreensão das PTM é fundamental para o estudo da biologia celular e para o tratamento e prevenção de doenças.

5.2.2 As modificações pós-traducionais são mecanismos fundamentais para aumentar a diversidade proteómica:

Enquanto o genoma compreende 20.000 a 25.000 genes, estima-se que o proteoma englobe mais de 1 milhão de proteínas. As alterações ao nível da transcrição e do ARNm aumentam a dimensão do transcriptoma relativamente ao genoma, e a miríade de diferentes modificações pós-traducionais aumenta exponencialmente a complexidade do proteoma relativamente ao transcriptoma e ao genoma. Além disso, o proteoma humano é dinâmico e altera-se em resposta a uma legião de estímulos, e as modificações pós-traducionais são normalmente utilizadas para regular a atividade celular. As PTMs ocorrem em cadeias laterais de aminoácidos ou ligações peptídicas distintas e são mais frequentemente mediadas por atividade enzimática. De facto, estima-se que 5% do proteoma inclui enzimas que efectuam mais de 200 tipos de modificações pós-traducionais. Estas enzimas incluem cinases, fosfatases, transferases e ligases, que adicionam ou removem grupos funcionais, proteínas, lípidos ou açúcares das cadeias laterais de aminoácidos; e proteases, que clivam ligações peptídicas para remover sequências específicas ou subunidades reguladoras. Muitas proteínas podem também modificar-se a si próprias utilizando domínios autocatalíticos, como a autocinase e os domínios autoprotolíticos.

As modificações pós-traducionais podem ocorrer em qualquer fase do "ciclo de vida" de uma proteína. Por exemplo, muitas proteínas são modificadas pouco depois de a tradução estar concluída para mediar a dobragem ou estabilidade adequadas da proteína ou para direcionar a proteína nascente para compartimentos celulares distintos (por exemplo, núcleo, membrana). Outras modificações ocorrem após a conclusão da dobragem e da localização para ativar ou desativar a atividade catalítica ou para influenciar a atividade biológica da proteína. As proteínas também são ligadas covalentemente a marcadores que visam a sua degradação. Para além das modificações individuais, as proteínas são frequentemente modificadas através de uma combinação de clivagem pós-tradução e da adição de grupos funcionais através de um mecanismo faseado de maturação ou ativação da proteína.

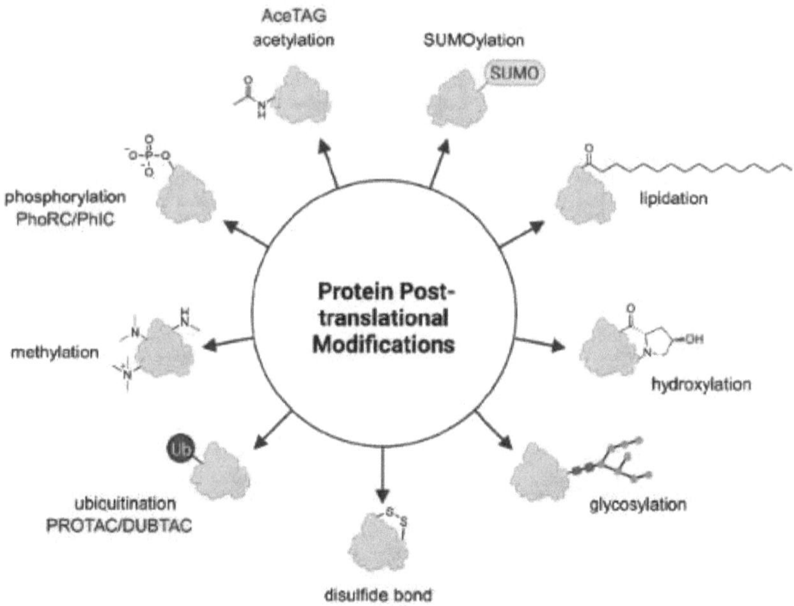

Figura: Panorâmica das modificações pós-traducionais mais comuns das proteínas (PTM). As PTM têm um impacto versátil nas proteínas e afectam as propriedades físico-químicas, como a hidrofilicidade e a carga global, bem como a localização das proteínas, mas também podem sinalizar uma proteína para degradação (ubiquitinação). Heterobifuncionais

As PTM das proteínas podem também ser reversíveis, dependendo da natureza da modificação. Por exemplo, as cinases fosforilam as proteínas em cadeias laterais de aminoácidos específicas, o que constitui um método comum de ativação ou inativação catalítica. Por outro lado, as fosfatases hidrolisam o grupo fosfato para o remover da proteína e inverter a atividade biológica. A clivagem proteolítica das ligações peptídicas é uma reação termodinamicamente favorável e, por conseguinte, remove permanentemente as sequências peptídicas ou os domínios reguladores.

5.2.3 Glicosilação:

A glicosilação de proteínas é reconhecida como uma das principais modificações pós-traducionais, com efeitos significativos na dobragem, conformação, distribuição, estabilidade e atividade das proteínas. A glicosilação engloba uma seleção diversificada de adições de açúcares às proteínas, desde simples modificações monossacáridas dos factores de transcrição nuclear até alterações altamente complexas de polissacáridos ramificados dos receptores da superfície celular. Os hidratos de carbono sob a forma de oligossacáridos ligados à asparagina (ligados a N) ou à serina/treonina (ligados a O) são os principais componentes estruturais de muitas proteínas de superfície celular e secretadas.

5.2.4 Localização de proteínas:

A localização de proteínas é uma caraterística bacteriana geral que está envolvida num número crescente de funções: não apenas o posicionamento de organelos polares, pili tipo IV, flagelos e caules, mas também complexos de transdução de sinais, quimiorreceptores e sistemas de dois componentes. A localização de proteínas engloba os processos que estabelecem e mantêm as proteínas em locais específicos. Os mecanismos que direcionam as proteínas para locais específicos na célula envolvem normalmente um motivo na proteína direcionada que interage com proteínas localizadas no destino. Uma pré-sequência ou uma sequência interna de direcionamento faz com que uma proteína no citosol interaja com o complexo TOMM40:TOMM70 na membrana mitocondrial externa. Após a passagem pela membrana externa, os motivos da sequência fazem com que as proteínas sejam direcionadas para a membrana externa através do complexo SAMM50, para a membrana interna através dos complexos TIMM22 ou TIMM23, para a matriz através do complexo TIMM23, ou as proteínas podem dobrar-se e permanecer no espaço intermembranar.

Para que os processos subcelulares sejam realizados em compartimentos ou regiões celulares definidas, é necessário que existam mecanismos que garantam que os componentes proteicos necessários estão presentes nos locais e numa concentração adequada. A acumulação de uma proteína num determinado local é conhecida como localização proteica.

5.2.5 Apresentação de fagos:

A exposição de fagos é uma técnica de biologia molecular através da qual os genomas de fagos são modificados de forma a que as proteínas de revestimento dos viriões montados sejam fundidas com outras proteínas ou péptidos de interesse (de qualquer origem), apresentando-os assim ao meio externo. Tamanho das bibliotecas de phage display? O tamanho das bibliotecas de anticorpos imunes é de 5×10^8 -2×10^9 , e o tamanho das bibliotecas naïve pode atingir 10^{11} . O phage display é uma técnica laboratorial para o estudo das interações proteína-proteína, proteína-peptídeo e proteína-DNA que utiliza bacteriófagos (vírus que infectam bactérias) para ligar as proteínas à informação genética que as codifica. Nesta técnica, um gene que codifica uma proteína de interesse é inserido num gene da proteína do revestimento do fago, fazendo com que o fago "exiba" a proteína no seu exterior enquanto contém o gene para a proteína no seu interior, resultando numa ligação entre o genótipo e o fenótipo. As proteínas que os fagos exibem podem então ser analisadas contra outras proteínas, péptidos ou sequências de ADN, a fim de detetar a interação entre a proteína exibida e as de outras moléculas. Desta forma, podem ser analisadas e amplificadas grandes bibliotecas de proteínas, num processo designado por seleção *in vitro*, que é análogo à seleção natural.

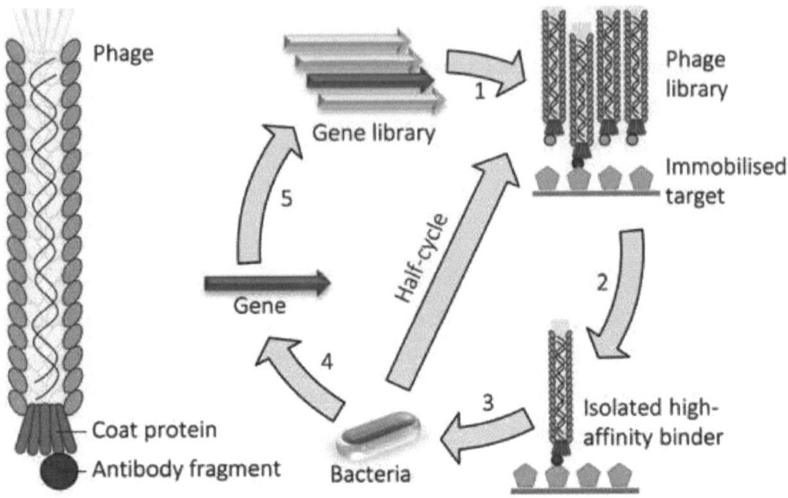

Ciclo de exposição de fagos. 1) As proteínas de fusão para uma proteína de revestimento viral + o gene a ser desenvolvido (normalmente um fragmento de anticorpo) são expressas em bacteriófagos. 2) A biblioteca de fagos é lavada sobre um alvo imobilizado. 3) os ligantes de alta afinidade restantes são utilizados para infetar bactérias. 4) os genes que codificam os ligantes de alta afinidade são isolados. 5) esses genes podem ter mutações aleatórias introduzidas e utilizadas para efetuar outra ronda de evolução. As etapas de seleção e amplificação podem ser realizadas várias vezes com maior rigor para isolar os ligantes de maior afinidade.

5.2.6 Aplicações da exposição de fagos:

As aplicações da tecnologia de exposição a fagos incluem a determinação dos parceiros de interação de uma proteína (que seria utilizada como "isco" de fago imobilizado com uma biblioteca de ADN constituída por todas as sequências de codificação de uma célula, tecido ou organismo), de modo a poder determinar a função ou o mecanismo da função dessa proteína. A exposição a fagos é também um método amplamente utilizado para a evolução de proteínas *in vitro* (também designada por engenharia de proteínas). Como tal, o phage display é uma ferramenta útil na descoberta de medicamentos. É utilizado para encontrar novos ligandos (inibidores de enzimas, agonistas e antagonistas de receptores) para proteínas-alvo. A técnica é também utilizada para determinar antigénios tumorais (para utilização no diagnóstico e na orientação terapêutica) e na procura de interações proteína-ADN utilizando bibliotecas de ADN especialmente construídas com segmentos aleatórios. Recentemente, o phage display foi também utilizado no contexto de tratamentos do cancro - como a abordagem de transferência adotiva de células. Nestes casos, o phage display é utilizado para criar e selecionar anticorpos sintéticos que visam proteínas da superfície tumoral. Estes são transformados em receptores sintéticos para células T recolhidas do doente, que são utilizadas para combater a doença.

2.5.7 Extração de GST:

O GST Pull Down, abreviatura de Glutathione S-Transferase Pull Down, é uma técnica de biologia molecular utilizada para investigar as interações proteína-proteína. No seu núcleo, este protocolo baseia-se na afinidade entre a proteína marcada com GST e o glutatião. A GST, uma proteína bacteriana, é fundida com a proteína de interesse. Este protocolo descreve a extração de proteínas que interagem com uma proteína de isco marcada com GST com Glutationa MagBeads. As esferas magnéticas são adequadas para experiências pull-down, porque são fáceis de separar do meio, o que acelera todo o processo. Os ensaios pull-down GST envolvem purificações de afinidade de uma ou várias proteínas desconhecidas de uma amostra biológica utilizando uma proteína de isco marcada com GST.

O princípio básico é que a proteína isco marcada com GST se liga aos seus parceiros e o complexo resultante é capturado em esferas com glutatião imobilizado. Do mesmo modo, o ensaio GST pull-down é uma captura por afinidade de uma ou mais proteínas (definidas ou desconhecidas) em solução através da sua interação com a proteína sonda de fusão GST e subsequente isolamento do complexo por recolha das proteínas em interação através da ligação da GST a esferas acopladas à glutationa. Os ensaios de pull-down GST envolvem purificações por afinidade de uma ou várias proteínas desconhecidas de uma amostra biológica utilizando uma proteína isco marcada com GST. O princípio básico é que a proteína isco marcada com GST se liga aos seus parceiros e o complexo resultante é capturado em esferas com glutatião imobilizado.

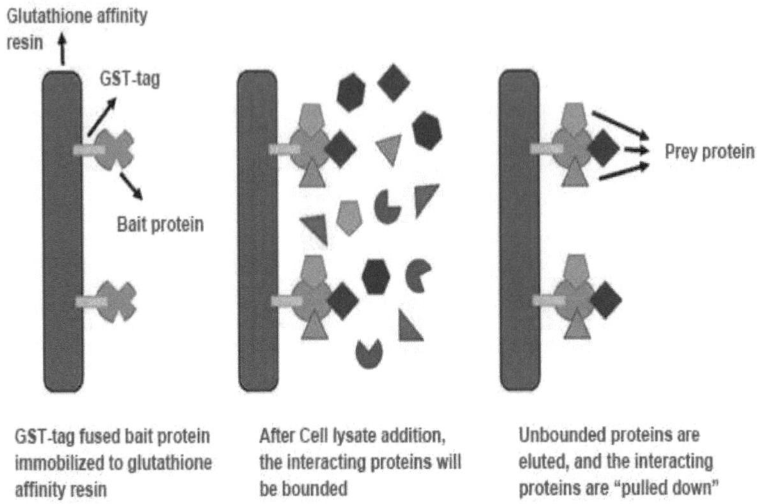

5.2.8 Princípio da tração:

O princípio básico do ensaio pull down consiste em utilizar uma proteína ligada a uma etiqueta (como a GST-tag, His-tag e bio- n-tag) imobilizada numa resina de afinidade como proteína isco. A proteína presa que se liga à proteína isco pode ser capturada e "puxada para baixo" quando a proteína alvo ou o lisado celular flui através dela.

5.2.9 Método baseado na afinidade:

Os métodos baseados na afinidade que utilizam proteínas imobilizadas são abordagens importantes para compreender as interações entre pequenas moléculas e alvos biológicos. Técnica de cromatografia líquida baseada na afinidade que separa compostos químicos com base nas suas diferentes afinidades fracas com um alvo imobilizado. Quanto maior for a afinidade de um composto em relação ao alvo, mais tempo permanece na unidade de separação, o que se traduz num tempo de retenção mais longo. O viés de afinidade é a tendência para favorecer as pessoas que partilham connosco interesses, antecedentes e experiências semelhantes. Devido ao enviesamento por afinidade, tendemos a sentir-nos mais confortáveis com pessoas que são como nós. Também tendemos a rejeitar inconscientemente aqueles que agem ou parecem diferentes de nós.

A cromatografia de afinidade é um método de separação de uma biomolécula de uma mistura, baseado numa interação de ligação macromolecular altamente específica entre a biomolécula e outra substância. O tipo específico de interação de ligação depende da biomolécula de interesse; as interações de ligação entre antigénio e anticorpo, enzima e substrato, recetor e ligando, proteína e ácido nucleico são frequentemente exploradas para o isolamento de várias biomoléculas. A cromatografia de afinidade é útil pela sua elevada seletividade e resolução de separação, em comparação com outros métodos cromatográficos.

5.2.10 Descoberta de proteínas e medicamentos relacionados com doenças:

As proteinopatias incluem doenças como a doença de Creutzfeldt-Jakob (e uma variante associada à doença das vacas loucas) e outras doenças de priões, a doença de Alzheimer, a doença de Parkinson, a amiloidose, a atrofia de múltiplos sistemas e uma vasta gama de outras doenças. As doenças infecciosas são causadas por agentes patogénicos, que incluem bactérias, fungos, protozoários, vermes, vírus e até proteínas infecciosas chamadas priões.

Doenças que envolvem a dobragem incorrecta de proteínas

A forma como as proteínas se dobram e agregam está intimamente associada à acumulação de proteínas tóxicas que causam muitas doenças neurodegenerativas. A doença de Alzheimer envolve a presença de duas proteínas mal dobradas no cérebro: a proteína beta-amiloide e a proteína tau. A doença de Parkinson é tipicamente caracterizada pela acumulação da proteína alfa-sinucleína no cérebro. A doença de Huntington é causada por uma forma anormal da proteína huntingtina com um trato de glutamina alargado. As doenças de priões, como a doença de Creutzfeldt-Jakob, a encefalopatia espongiforme bovina (BSE), o tremor epizoótico, a doença emaciante crónica e o kuru, são causadas por proteínas de priões mal codificadas. Os priões têm a capacidade inata de converter proteínas normais em formas mal dobradas, o que faz dos priões agentes infecciosos. A esclerose lateral amiotrófica envolve a dobragem incorrecta e a agregação de várias proteínas, incluindo a superóxido dismutase 1, a proteína de ligação ao ADN TAR 43 (TDP-43) e a proteína fundida no sarcoma (FUS). Os agregados destas proteínas acumulam-se nos neurónios motores como inclusões citoplasmáticas e nucleares caraterísticas.

5.2.11 Proteínas mal dobradas conduzem à infeção:

Após uma década de investigação financiada pelos Institutos Nacionais de Saúde, Prusiner conseguiu isolar o agente em questão. O que descobriu surpreendeu-o: A DCJ era causada por uma única proteína. Prusiner chamou a esta proteína "prião" (combinação de "proteína" e "infecioso").

Os cientistas ficaram chocados. Como é que uma proteína, que não tem instruções genéticas, poderia resultar em alterações que causam doenças? Muitos cientistas questionaram as descobertas de Prusiner, sugerindo que ele não tinha percebido a verdadeira origem das doenças misteriosas.

Apesar do enorme ceticismo, Prusiner continuou a trabalhar. Em 1984, ele e os seus colegas voltaram a chocar os cientistas com a descoberta de que uma forma de proteína de prião (PrP) estava presente em pessoas e animais saudáveis. Acontece que as proteínas de priões podem dobrar-se em duas formas distintas: uma é inofensiva; a outra conduz a doenças (como a DCJ). É notável que os priões mal dobrados, causadores de doenças, tenham a capacidade de "corromper" as versões inofensivas, fazendo com que estas também se dobrem mal. Por este trabalho, Prusiner ganhou o Prémio Nobel da Fisiologia ou Medicina de 1997.

5.3 Desdobramento de proteínas em diferentes doenças

5.3.1 Doença de Alzheimer:

Na doença de Alzheimer, o desdobramento de proteínas está intimamente ligado à formação de placas beta-amilóides. O passo inicial na formação destas placas amilóides envolve o processamento da proteína precursora amiloide. A proteína precursora amiloide é uma proteína transmembranar normalmente clivada por secretases para gerar fragmentos mais curtos e solúveis. Na doença de Alzheimer, uma fração da proteína precursora amiloide sofre um processamento aberrante através de uma série de clivagens enzimáticas pela beta-secretase e gama-secretase. Este processamento anormal leva à produção de formas mais longas de péptidos amilóides, em particular a beta-amiloide 42, que tem maior probabilidade de se dobrar e agregar. Os agregados de beta-amiloide mal dobrados acumulam-se fora dos neurónios no cérebro, onde formam placas amilóides. A arquitetura normal do cérebro é perturbada e a neuroinflamação e os danos neuronais são típicos.

5.3.2 Doença de Parkinson:

Na doença de Parkinson, a dobragem incorrecta de proteínas está associada ao início e à progressão da doença, bem como à formação de corpos de Lewy. A dobragem incorrecta da alfa-sinucleína é um evento chave neste processo. Na doença de Parkinson, a alfa-sinucleína adopta uma conformação anormal e, subsequentemente, desdobra-se, o que leva à formação de pequenos agregados solúveis ou oligómeros. Uma maior agregação leva à formação de agregados insolúveis de maiores dimensões ou fibrilhas, típicos dos corpos de Lewy. O resultado líquido é a perturbação de vários processos celulares, incluindo a degradação regular das proteínas, a função mitocondrial, a atividade sináptica e o tráfico intracelular. Segue-se uma disfunção celular e danos neuronais

5.4 Descoberta de medicamentos:

A descoberta de medicamentos é o processo através do qual são descobertos novos candidatos a medicamentos. Historicamente, os medicamentos eram descobertos através da identificação do ingrediente ativo a partir de remédios tradicionais ou por descoberta fortuita, como aconteceu com a penicilina. Mais recentemente, as bibliotecas químicas de pequenas moléculas sintéticas, produtos naturais ou extractos foram analisadas em células intactas ou organismos inteiros para identificar substâncias com um efeito terapêutico desejável, num processo conhecido como farmacologia clássica. Depois de a sequenciação do genoma humano ter permitido a clonagem e a síntese rápidas de grandes quantidades de proteínas purificadas, tornou-se prática comum utilizar o rastreio de elevado rendimento de grandes bibliotecas de compostos contra alvos biológicos isolados que se supõe serem modificadores de doenças, num processo conhecido como farmacologia inversa. Os resultados destes rastreios são então testados em células e depois em animais para verificar a sua eficácia.

A descoberta moderna de medicamentos envolve a identificação de sucessos de rastreio, a química medicinal e a otimização desses sucessos para aumentar a afinidade, a seletividade (para reduzir o potencial de efeitos secundários), a eficácia/potência, a estabilidade metabólica (para aumentar a semi-vida) e a biodisponibilidade oral. Uma vez identificado um composto que preencha todos estes requisitos, o processo de desenvolvimento do medicamento pode continuar. Se for bem sucedido, são efectuados ensaios clínicos.

Assim, a descoberta moderna de medicamentos é normalmente um processo de capital intensivo que envolve grandes investimentos por parte das empresas da indústria farmacêutica, bem como dos governos nacionais (que concedem subvenções e garantias de empréstimos). Apesar dos avanços tecnológicos e da compreensão dos sistemas biológicos, a descoberta de medicamentos continua a ser um processo moroso, "dispendioso, difícil e ineficaz", com uma baixa taxa de descoberta de novas terapêuticas. Em 2010, o custo de investigação e desenvolvimento de cada nova entidade molecular era de cerca de 1,8 mil milhões de dólares. No século XXI, a investigação de base é financiada principalmente pelos governos e por organizações filantrópicas, enquanto o desenvolvimento na fase final é financiado principalmente por empresas farmacêuticas ou por investidores de capital de risco. Para poderem ser comercializados, os medicamentos têm de ser submetidos a várias fases bem sucedidas de ensaios clínicos e passar por um processo de aprovação de novos medicamentos, designado por New Drug Application nos Estados Unidos.

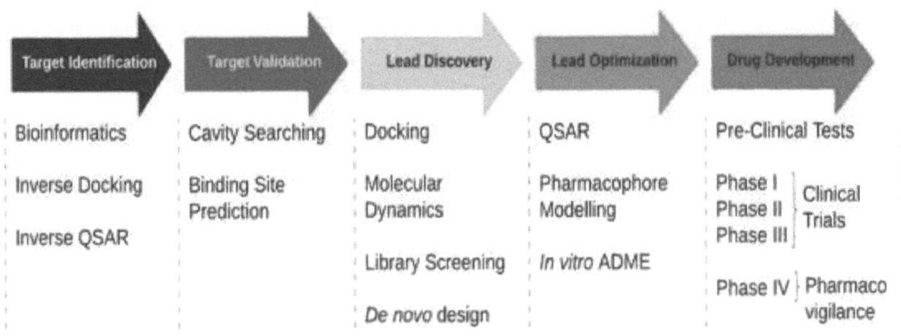

Algumas das principais técnicas computacionais utilizadas no desenvolvimento de medicamentos. As técnicas computacionais desempenham um papel importante no desenvolvimento de medicamentos, ajudando a identificar potenciais candidatos a medicamentos, a prever as suas propriedades e a otimizar a sua conceção

Novas proteínas:

Normalmente, estas não incluem as proteínas mais comuns que constituem a maioria das dietas dos animais de companhia, como o borrego, o frango e a carne de vaca, mas incluem proteínas mais raras, como o pato, o crocodilo e o canguru. As novas proteínas são a forma de salvaguardar o nosso planeta para o futuro, apesar de termos de alimentar uma população crescente. São a resposta à questão de como tornar as nossas cadeias de abastecimento alimentar sustentáveis. Embora algumas ainda estejam na fase inicial de desenvolvimento, num futuro próximo irão inevitavelmente substituir ingredientes alimentares não sustentáveis para humanos, animais de estimação e aquacultura. Mas o que são estas proteínas? As novas proteínas são qualquer tipo de proteína que não provém das fontes que dominaram as nossas dietas durante gerações, nomeadamente a carne de vaca, borrego, frango, porco, produtos lácteos, etc. Muitas vezes, as proteínas de um animal menos consumido são chamadas de novas proteínas. Estas podem ser de crocodilo, canguru, avestruz e muitos mais. A bygora adopta uma abordagem diferente a este tópico. Consideramos as proteínas de animais menos comuns como "proteínas alternativas" e não como proteínas novas, uma vez que estas já existem há muito tempo. Apenas as proteínas que merecem a definição de novas são alternativas sustentáveis às proteínas tradicionais. As proteínas novas mais proeminentes neste momento são os insectos, as algas marinhas e as proteínas unicelulares. No entanto, a gama de novas proteínas está a crescer rapidamente. A crescente população mundial está a exercer uma grande pressão sobre os sistemas globais de produção alimentar. As preocupações ambientais e éticas sobre a forma como atualmente produzimos gado estão a aumentar esta pressão. Isto torna claro que precisamos de abordar a produção de proteínas de forma diferente. As novas proteínas são uma solução potencial para garantir a segurança alimentar futura, porque são nutritivas e podem ser produzidas de forma sustentável. As novas proteínas oferecem benefícios tanto para os consumidores como para o ambiente e podem ser apreciadas por animais e humanos como parte de uma dieta saudável e completa.

6. Referências

1. Abbott, A. 1998. Sequência do genoma do nemátodo C. elegans: uma plataforma para a investigação da biologia. The C. elegans Sequencing Consortium. Science 282:2012-2018.

2. Aebersold, R., B. Rist, e S. P. Gygi. 2000. Quantitative proteome analysis: methods and applications (Análise quantitativa do proteoma: métodos e aplicações). Ann. N. Y. Acad. Sci. 919:33-47.

3. Amster, J. 1996. Espectrometria de massa com transformada de Fourier. J. Mass Spectrom. 31:1325-1337.

4. Andersen, J. S., e M. Mann. 2000. Genómica funcional por espetrometria de massa. FEBS Lett. 480:25-31.

5. Anderson, L., e J. Seilhamer. 1997. A comparison of selected mRNA and protein abundances in human liver. Electrophoresis 18:533-537.

****

MIX
Papier aus verantwortungsvollen Quellen
Paper from responsible sources
FSC® C105338

Printed by Books on Demand GmbH, Norderstedt / Germany